序

ChatGPT 引發了大家對 AI 人工智慧的熱烈討論。AI 將在未來十年帶動產業發展，幾乎所有現代產業都將與人工智慧密切相關。JACKSOFT 於 2020 年成立 AI 稽核教育學院，旨在透過有效的學習方式，採用優良的稽核工具和正確的方法，並循序漸進地引導他們從傳統事後稽核發展至利用 AI 人工智慧進行機器學習(Machine Learning)、自然語言處理(NLP)等數位轉型資料分析，實現事前風險預測與預防，成為 AI 人工智慧新時代的稽核專家。

稽核人員通常不是資訊人員，因此很難有時間和能力學習許多新的資訊科技工具。基於這一點，國際電腦稽核教育協會(ICAEA)強調：「稽核人員應該熟練掌握一套 CAATs 工具，並熟悉查核方法，以應對新的電子化營運環境中的內稽內控挑戰，這才是正確的方向」。

對大多數人員而言，撰寫或調整人工智慧演算法非常困難，因此需要簡單易用的工具作輔助。本教材以實務案例演練為主，深入淺出，讓大家了解如何有效運用機器學習等 AI 人工智慧技術於稽核領域。透過 AI 語言 Python 所開發的新一代稽核軟體 JCAATs，以簡單的指令，使用內建的機器學習演算法(如決策樹(Decision Tree)、K 近鄰算法(K-Nearest Neighbors)、邏輯斯回歸(Logistic Regression)、隨機森林(Random Forest)、支持向量機(Support Vector Machine))，應用於大數據資料分析，進行風險預測性稽核。使用者著重學習如何評估機器學習訓練模型的有效性，並掌握各項多元評估指標使用正確方法。同時，當面臨資料缺失或不對稱時學會如何有效地設定學習歷程，以達到稽核目標。機器學習讓事前審計成為可能，歡迎會計師、內部稽核、各階管理者，共同加入學習的行列，成為 AI 人工智慧新稽核，提早預警與避免各項風險！

JACKSOFT 傑克商業自動化股份有限公司
ICAEA 國際電腦稽核教育協會台灣分會
黃秀鳳總經理/分會長
2023/08/03

電腦稽核專業人員十誡

ICAEA 所訂的電腦稽核專業人員的倫理規範與實務守則，以實務應用與簡易了解為準則，一般又稱為『電腦稽核專業人員十誡』。其十項實務原則說明如下：

1. 願意承擔自己的電腦稽核工作的全部責任。
2. 對專業工作上所獲得的任何機密資訊應要確保其隱私與保密。
3. 對進行中或未來即將進行的電腦稽核工作應要確保自己具備有足夠的專業資格。
4. 對進行中或未來即將進行的電腦稽核工作應要確保自己使用專業適當的方法在進行。
5. 對所開發完成或修改的電腦稽核程式應要盡可能的符合最高的專業開發標準。
6. 應要確保自己專業判斷的完整性和獨立性。
7. 禁止進行或協助任何貪腐、賄賂或其他不正當財務欺騙性行為。
8. 應積極參與終身學習來發展自己的電腦稽核專業能力。
9. 應協助相關稽核小組成員的電腦稽核專業發展，以使整個團隊可以產生更佳的稽核效果與效率。
10. 應對社會大眾宣揚電腦稽核專業的價值與對公眾的利益。

目錄

Python Based 人工智慧稽核軟體

電腦稽核實務個案演練
機器學習與AI人工智慧
於稽核應用實例演練

傑克商業自動化股份有限公司

JACKSOFT為經濟部能量登錄電腦稽核與GRC(治理、風險管理與法規遵循)專業輔導機構，服務品質有保障

國際電腦稽核教育協會
認證課程

AI時代下如何提升價值，不被機器人取代?

傳統打勾式的傻瓜查核已經難以符合利害關係人期望的價值創造！

機器學習(Machine Learning)

機器學習(Machine Learning)是人工智慧（AI）的一個重要領域，其主要目標是讓電腦系統能夠透過過去的經驗和資料，自主學習並改進自身，以從中發現模式並做出預測或決策，而無需明確編寫特定規則。**機器學習的核心概念**：

1. **資料**：機器學習需要大量資料作為訓練材料，這些資料可以是結構化的例如表格數據，也可以是非結構化的例如圖像、音頻和文字等。

2. **模型**：模型是機器學習的核心算法，它根據訓練資料所學到的數學表示。這些模型能根據輸入資料進行預測或做出決策。

3. **參數調整**：在機器學習中，通常需要對模型進行參數調整，以使其能夠更好地擬合訓練資料並且能夠適用於新的資料

總結來說，機器學習是一門將電腦系統賦予自主學習和改進能力，從而實現智能化的科學和技術領域。應用廣泛，包括自然語言處理、圖像辨識、推薦系統、醫療診斷等，為我們解決複雜問題提供了全新的可能性。

企業管理新思維--穿越危機而永續發展

前進性的策略 PROGRESSIVE
(Achieving results)

一致性
CONSISTENCY
(Goals, processes, routines)

靈活性
FLEXIBILITY
(Ideas, views, actions)

防禦性的策略 DEFENSIVE
(Protecting results)

Resilience

資料來源: David Denyer, *Cranfield University*

傳統稽核方式只能找到冰山一角

- 如何事先偵測冰山下的風險?
- AI人工智慧新稽核時代來臨,
  透過預測性稽核才能有效
  協助組織提升風險評估能力

JCAATs-AI Audit Software Copyright © 2023 JACKSOFT.

運用AI人工智慧 從事後稽核走向事前風險偵測與預防 --結合數位轉型資料分析趨勢

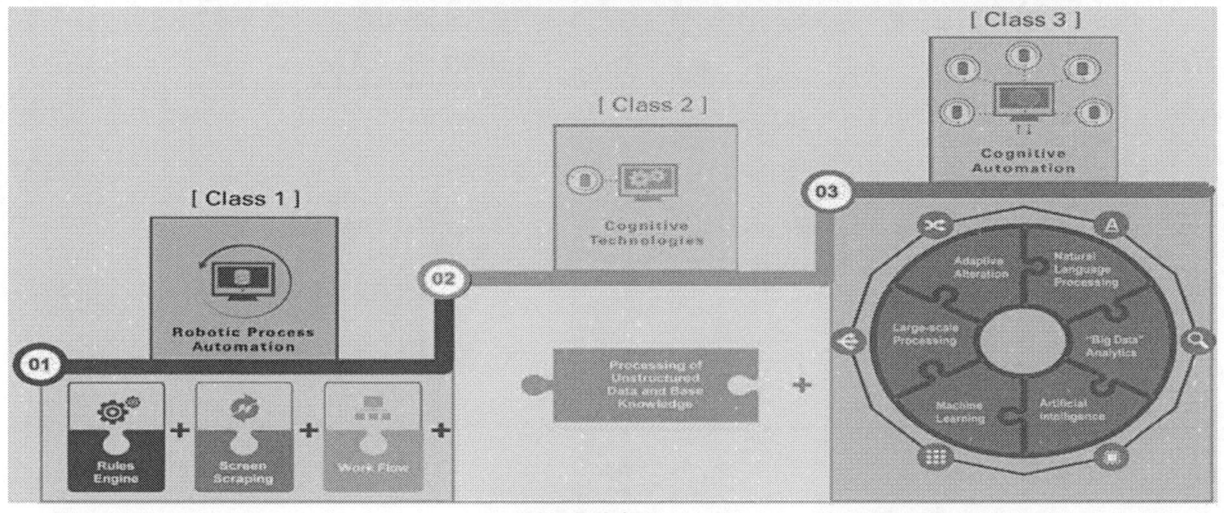

機器人流程自動化
(Robotic Process
Automation, **RPA**)

大數據分析
(Big Data Analytics)
視覺化分析
(Visual Analytics)

機器學習(Machine Learning)
自然語言處理(NLP)
人工智慧(A.I)

機器學習如何協助您進行風險評估

◆店面稽核案例：

可以使用員工數以及交易數成為機器學習的因子進行學習，進而預測交易金額，若與實際數差異過大就是一個風險。

◆員工稽核案例：

可以使用銷售數據和員工工時進行學習，進而評估銷貨退回或報廢的合理性。

資料來源：https：//www.wegalvanize.com

機器學習如何協助您進行風險評估

◆工廠稽核案例：

可以利用預測分析來評估生產的數量、原料耗損與廢棄物的合理性。

◆供應商稽核案例：

可以利用預測分析來判斷因品質問題而退貨的合理性。

資料來源：https：//www.wegalvanize.com

AI智慧化稽核流程

萃取前後資料

目標 >準則 >風險 >頻率>資料需求

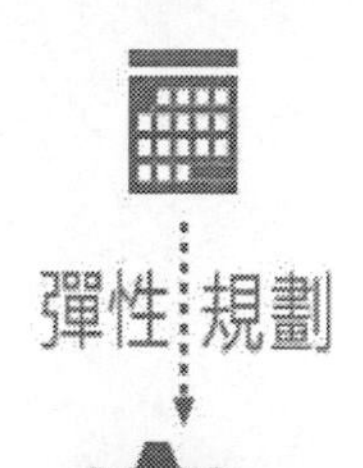

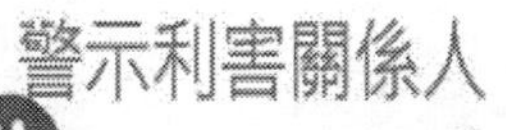

彈性 規劃

智能 判讀

警示利害關係人

利用CAATs自動化排除操作性的瓶頸
利用機器學習 智能判斷預測風險

連接不同資料來源

缺失偵測

威脅偵查

Copyright © 2023 JACKSOFT.

JCAATs 人工智慧新稽核

Through JCAATs Enhance your insight
Realize all your auditing dreams

繁體中文與視覺化的使用者介面

Run both on Mac and Windows OS

Modern Tools for Modern Time

JCAATs AI人工智慧新稽核

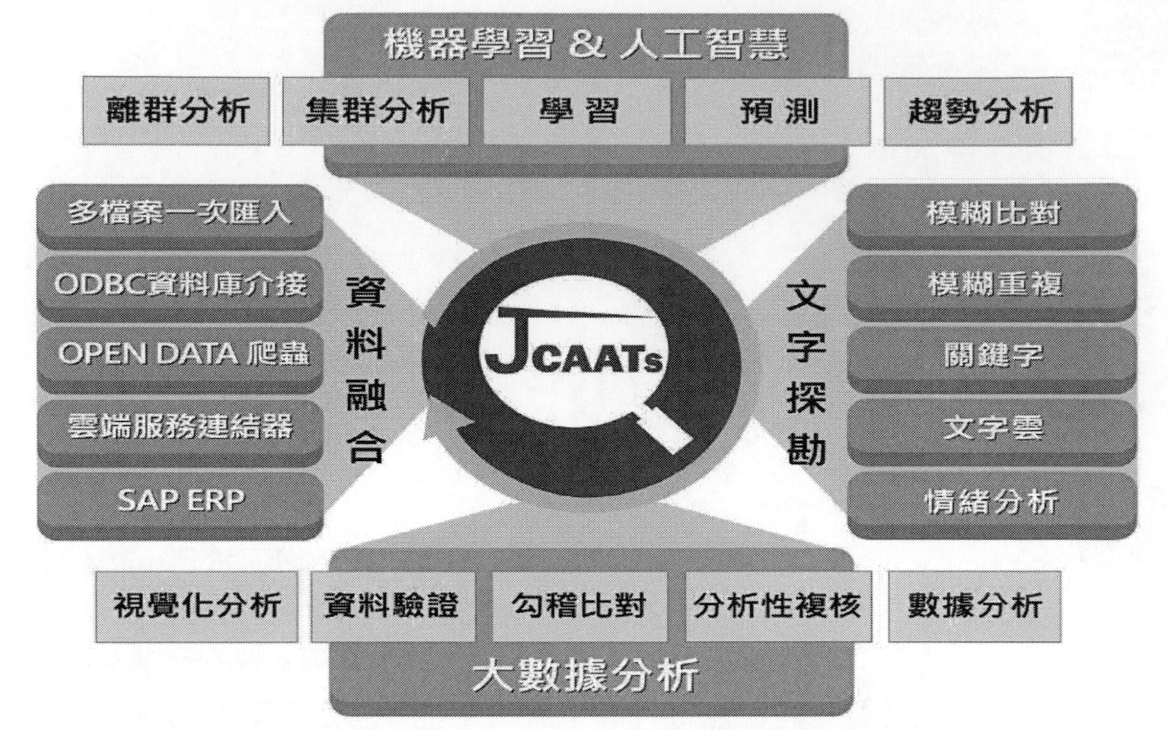

*JACKSOFT為經濟部技術服務能量登錄AI人工智慧專業訓練機構
*JCAATs軟體並通過AI4人工智慧行業應用內部稽核與作業風險評估項目審核

Audit Data Analytic Activities

ICAEA 2022 Computer Auditing： The Forward Survey Report

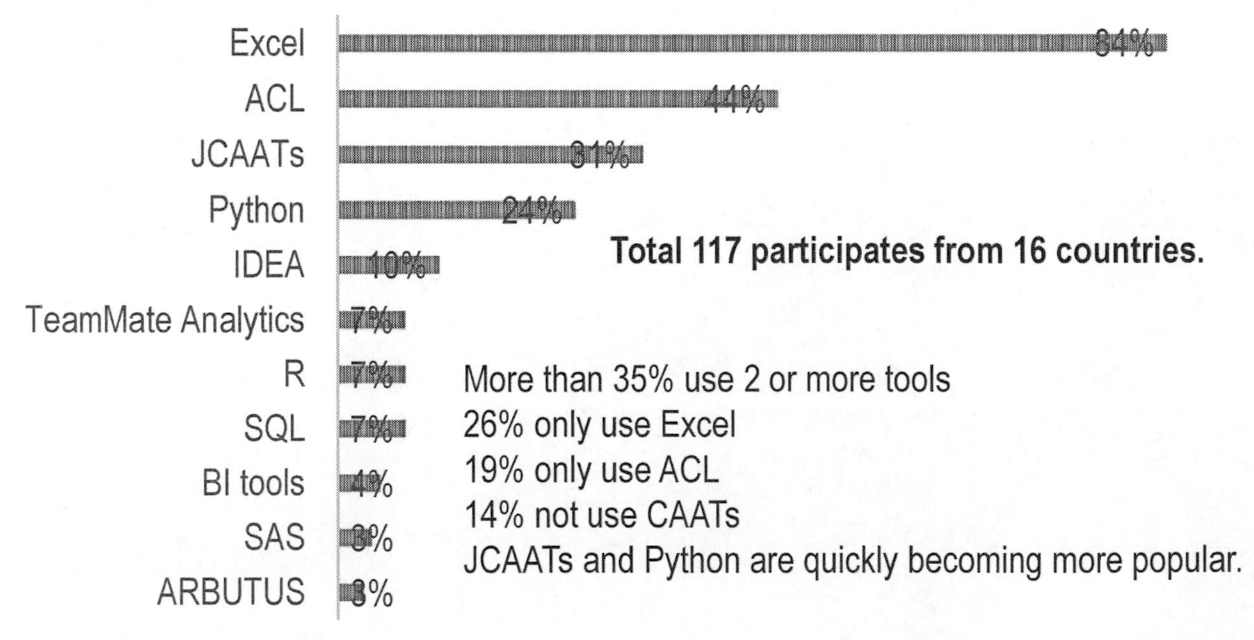

電腦輔助稽核技術(CAATs)

- **稽核人員角度**所設計的通用稽核軟體，有別於以資訊或統計背景所開發的軟體，以資料為基礎的Critical Thinking(批判式思考)，**強調分析方法論**而非僅工具使用技巧。
- 適用不同來源與各種資料格式之檔案匯入或系統資料庫連結，其特色是強調有科學依據的抽樣、資料勾稽與比對、檔案合併、日期計算、資料轉換與分析，**快速協助找出異常**。
- 由傳統大數據分析 **往 AI人工智慧智能分析發展。**

C++語言開發
付費軟體
Diligent Ltd.

以VB語言開發
付費軟體
CaseWare Ltd.

以Python語言開發
免費軟體
美國楊百翰大學

JCAATs-
AI稽核軟體
--Python Based

JCAATs為 AI 語言 Python 所開發新一代稽核軟體，**遵循AICPA稽核資料標準**，具備傳統電腦輔助稽核工具(CAATs)的**數據分析功能**外，更包含許多人工智慧功能，如**文字探勘**、**機器學習**、**資料爬蟲**等，讓稽核分析更加智慧化，**提升稽核洞察力**。

JCAATs功能強大且易於操作，可分析大量資料，**開放式資料架構**，可與**多種資料庫**、**雲端資料源**、**不同檔案類型**及 **ACL 軟體介接**，讓稽核資料收集與融合更方便與快速。**繁體中文與視覺化使用者介面**，不熟悉 Python 語言的稽核或法遵人員也可透過**介面簡易操作**，輕鬆產出 Python 稽核程式，並可與廣大免費之開源 Python 程式資源整合，**讓稽核程式具備擴充性和開放性**，不再被少數軟體所限制。

JCAATs-AI Audit Software
Copyright © 2023 JACKSOFT.
國際電腦稽核教育協會線上學習資源
Home | Contact
ICAEA
INTERNATIONAL COMPUTER AUDITING EDUCATION ASSOCIATION
Certification
Training
Publication
Event
Resource Center
Membership
About Us
Training
CAATs (Computer Assisted Audit Techniques) Training Courses
Benefits
Competency Map
CPE Requirements
CAATs Courses
ERP Auditing Courses
Database Auditing Courses
Internet Auditing Courses
e-Forensic Accounting Courses
CPE Courses
Certification
Free e-Learning Courses - JCAATs
There are many good free learning recourses on YouTube. We collect some of the fundamental courses for you to self-learning the CAATs.
JCAATs Introduction Lessons : Data_ImportOpenData (Learning Time: 10 minutes; Video Time: 1:43)
JCAATs Introduction Lessons : Text Mining_TextCloud (Learning Time: 5 minutes; Video Time: 1:02)
JCAATs Introduction Lessons : Text Mining_Sentiment (Learning Time: 5 minutes; Video Time: 1:06)
JCAATs Introduction Lessons : Machine Learning_Train (Learning Time: 5 minutes; Video Time: 0:55)
JCAATs Introduction Lessons : Machine Learning_Predict (Learning Time: 5 minutes; Video Time: 0:49)
ARE YOU IN ONE OF THESE LOCATIONS?
USA
POLAND
CANADA
SIGAPORE
CHINA
S.AFRICA
GERMAN
TAIWAN
INDIA
UAE
JAPAN
UK
JORDAN
PAKISTAN
https://www.icaea.net/English/Training/CAATs_Courses_Free_JCAATs.php
15

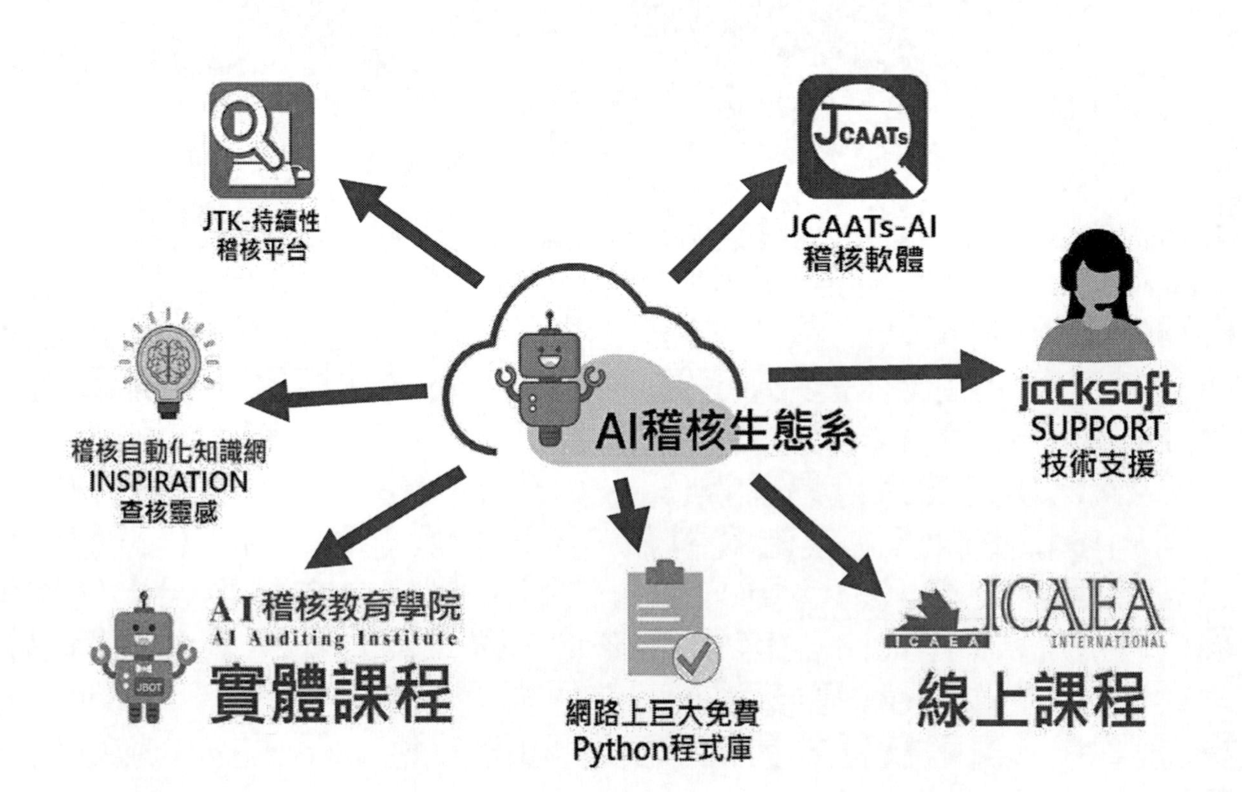
JCAATs-AI Audit Software
Copyright © 2023 JACKSOFT.
AI人工智慧新稽核生態系
JTK-持續性
稽核平台
JCAATs
JCAATs-AI
稽核軟體
稽核自動化知識網
INSPIRATION
查核靈感
AI稽核生態系
jacksoft
SUPPORT
技術支援
AI 稽核教育學院
AI Auditing Institute
實體課程
網路上巨大免費
Python程式庫
ICAEA
INTERNATIONAL
線上課程
16

Python

- 美國 Top 10 Computer Science (電腦科學)系所中便有 8 所採用 Python 作為入門語言。
- 通用型的**AI**程式語言
- 相較於其他程式語言，可閱讀性較高，也較為簡潔
- 發展已經一段時間，資源豐富
  - 很多程式設計者提供了自行開發的 library (函式庫)，絕大部分都是開放原始碼，使得 Python 快速發展並廣泛使用在各個領域內。
  - **各種已經寫好的機器學習範本程式很多**
  - 許多資訊人或資料科學家使用，有問題也較好尋求答案

AICPA美國會計師公會稽核資料標準

推薦使用Python為稽核資料分析語言

Audit Data Standards and the Financial Statement Audit

This video discusses the Audit Data Standards and some of the other projects and initiatives going on in the area of Audit Data Analytics.

Upgrade the Financial Statement Audit with Audit Data Analytics

This video illustrates how Python, an open source programming language, can be used to apply the AICPA's Audit Data Standard formatting to a data set, and how to develop routines to further analyze the Audit Data Standard standardized data set.

Learn more about Python

Access Python Routines at GitHub

資料來源：https：//us.aicpa.org/interestareas/frc/assuranceadvisoryservices/auditdatastandards

機器學習程式--Python

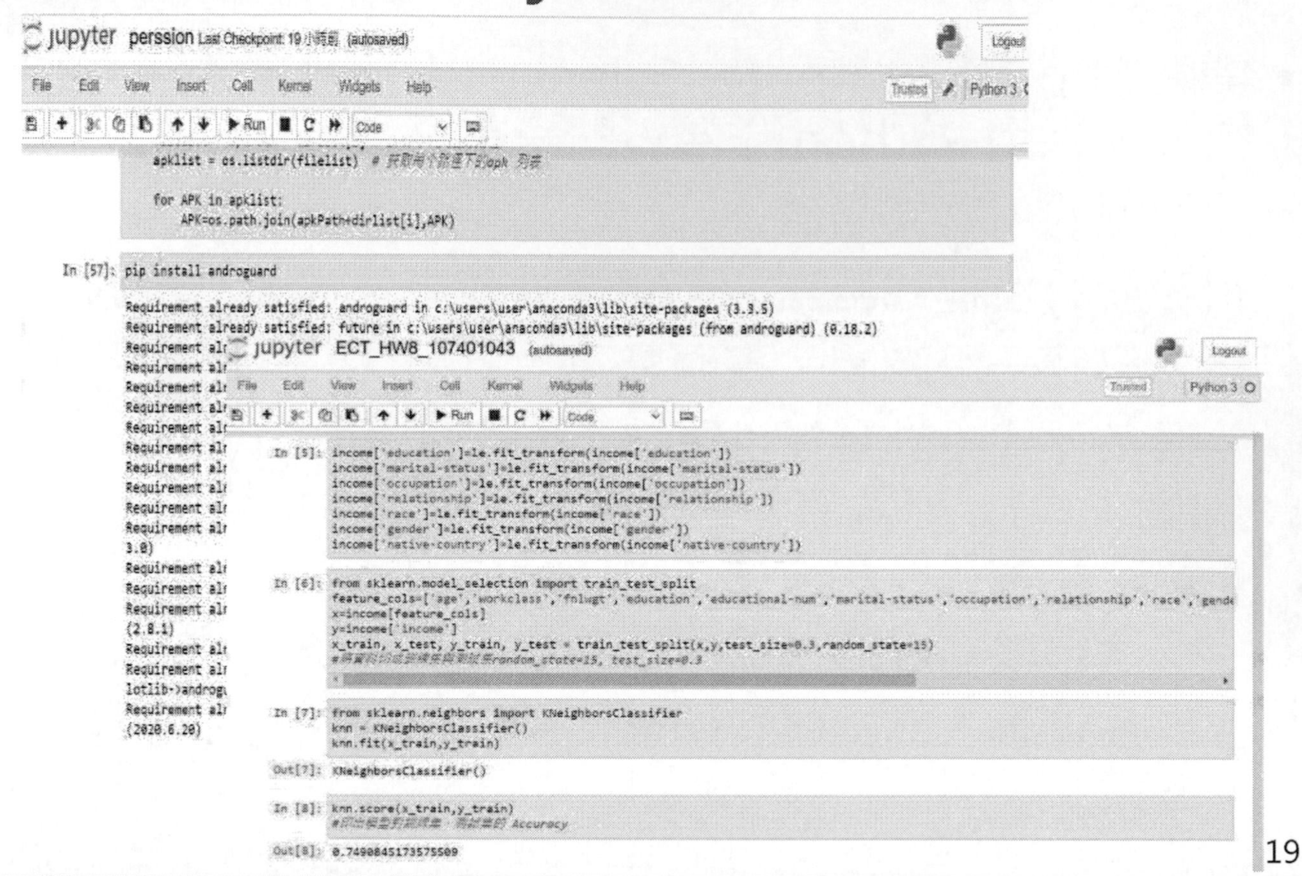

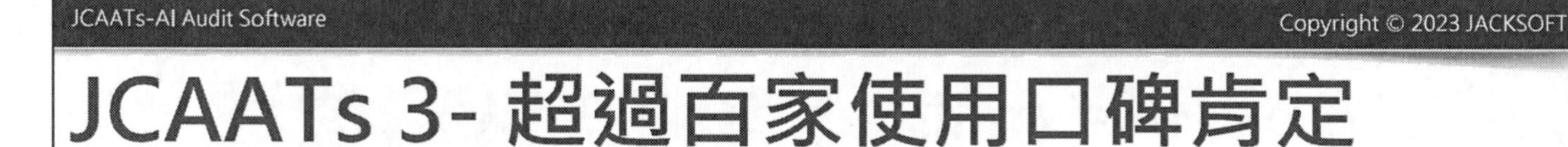

JCAATs 3- 超過百家使用口碑肯定

提供繁體中文與視覺化使用者介面，更多的人工智慧功能、更多的文字分析功能、更強的圖形分析顯示功能。目前JCAATs 可以讀入 ACL專案顯示在系統畫面上，進行相關稽核分析，使用最新的JACL 語言來執行，亦可以將專案存入ACL，讓原本ACL 使用這些資料表來進行稽核分析。

監督式學習 VS 非監督式學習

» Supervised Learning (監督式學習)

要學習的資料內容已經包含有答案欄位，讓機器從中學習，找出來造成這些答案背後的可能知識。JCAATs在監督式學習模型提供有 **多元分類** (Classification) 法，包含 Decision tree、KNN、Logistic Regression、Random Forest和SVM等方法。

» Unsupervised Learning (非監督式學習)

要學習的資料內容並無已知的答案，機器要自己去歸納整理，然後從中學習到這些資料間的相關規律。在非監督式學習模型方面，JCAATs提供集群(Cluster) 與 離群(Outlier) 方法。

JCAATs 3- 更彈性化機器學習功能

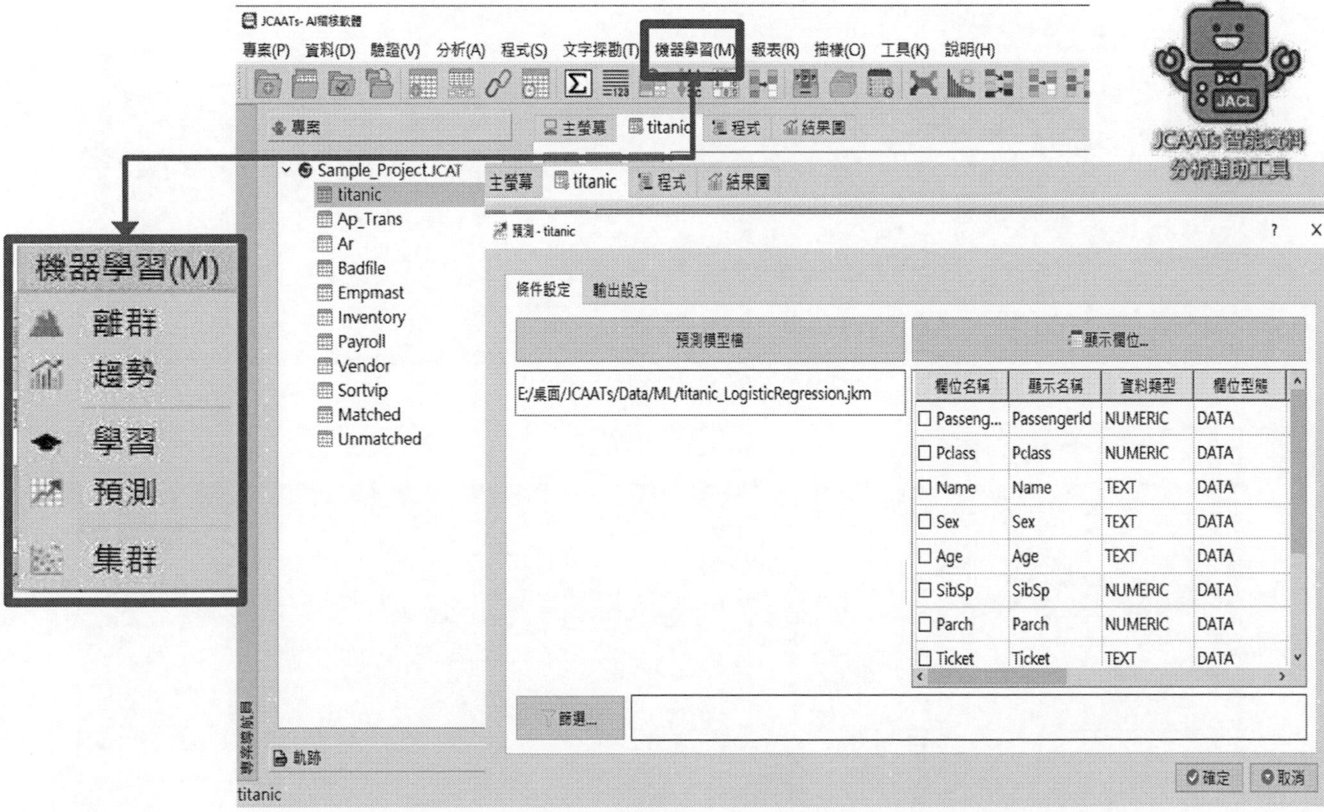

JCAATs 機器學習功能的特色：

1. **不須外掛程式即可直接進行機器學習**
2. **提供SMOTE功能**來處理不平衡的數據問題，這類的問題在審計的資料分析常會發生。
3. 提供使用者在選擇機器學習算法時可自行依需求採用兩種不同選項：**用戶決策模式**(自行選擇預測模型)或**系統決策模式**(將預測模式全選)，讓機器學習更有彈性。
4. JCAATs使用戶**能夠自行定義其機器學習歷程**。
5. 提供有商業資料機器學習較常使用的方法，如**決策樹(Decision Tree)**與**近鄰法(KNN)**等。
6. 可進行**二元分類**和**多元分類**機器學習任務。
7. 提供**混淆矩陣圖和表格**，使他們能夠獲得有價值的機器學習算法，表現洞見。
8. 在執行訓練後提供**三個性能報告**，使用戶能夠更輕鬆地分析與解釋訓練結果。
9. 機器學習的速度更快速。
10. 在集群(CLUSTER)學習後，提供一個圖形，使用戶能夠可視化數據聚類。

運用AI稽核軟體進行機器學習的步驟

監督式機器學習:

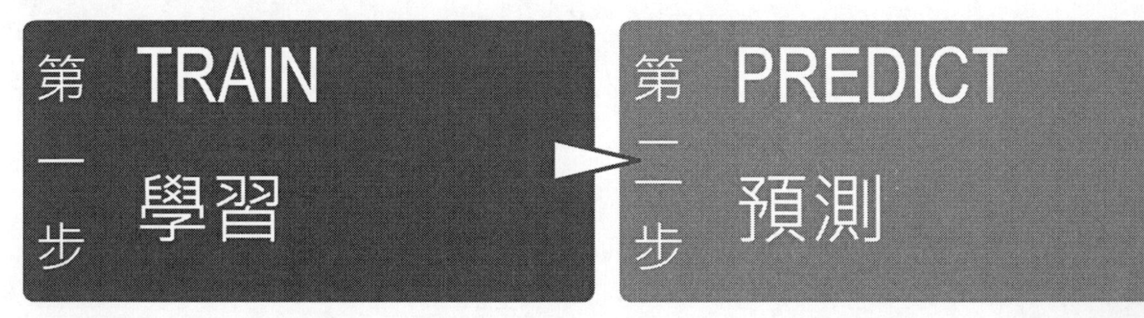

非監督式機器學習:

第一步 非監督式學習指令

JCAATs 透過AI技術，提供您機器學習快速簡易方法

JCAATs 監督式機器學習指令

指令	學習類型	資料型態	功能說明	結果產出
Train 學習	監督式	文字 數值 邏輯	使用自動機器學習機制產出一預測模型。	**預測模型檔** (Window 上 ***.jkm 檔**) 3個在JCAATs上模型評估表和混沌矩陣圖
Predict 預測	監督式	文字 數值 邏輯	導入預測模型到一個資料表來進行預測產出目標欄位答案。	預測結果資料表 (JCAATs資料表)

學習和預測監督式機器學習指令 引領進入「事前」稽核新境界

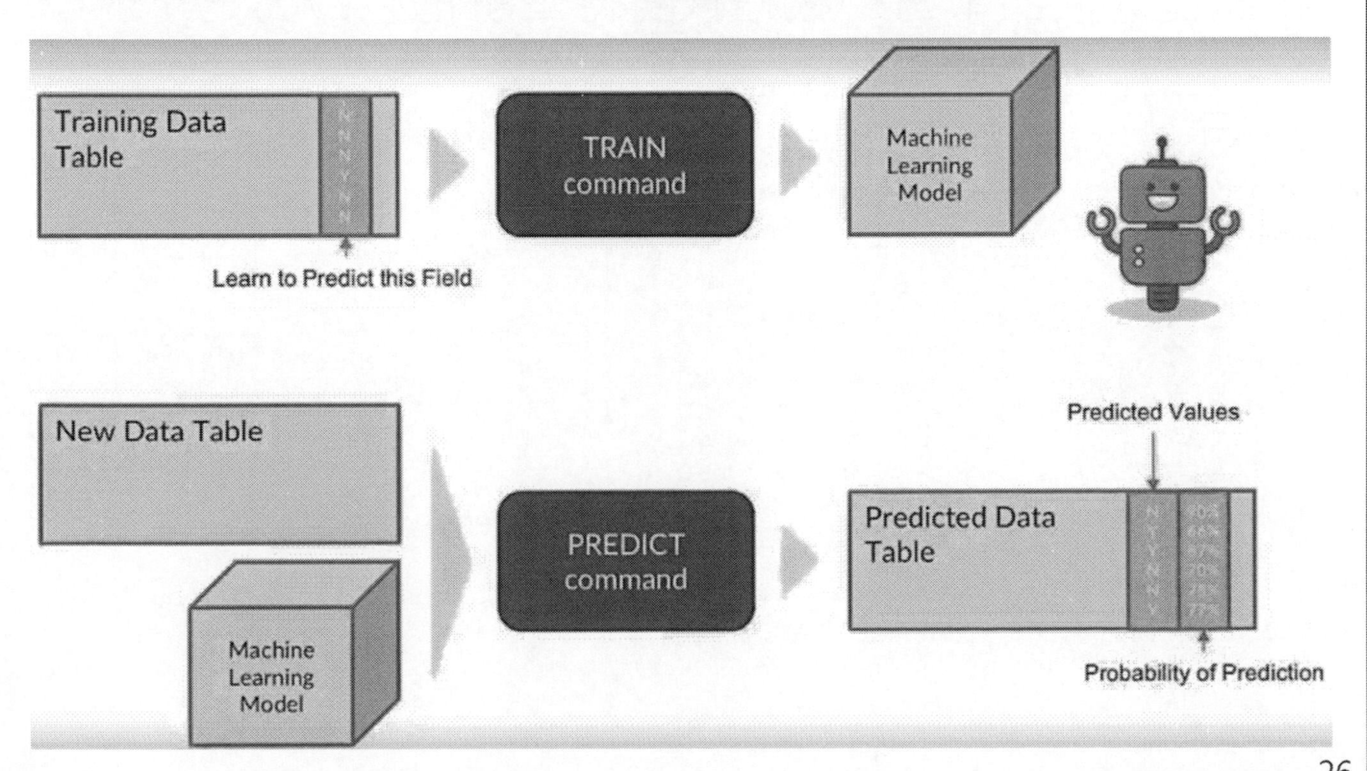

JCAATs非監督式機器學習指令

指令	學習類型	資料型態	功能說明	結果產出
Cluster 集群	非監督式	數值	對數值欄位進行分組。分組的標準是值之間的相似或接近度。	結果資料表(JCAATs資料表) 和資料分群圖
Outlier 離群	非監督式	數值	對數值欄位進行統計分析。以標準差值為基礎，超過幾倍數的標準差則為異常值。	結果資料表 (JCAATs資料表)

領航AI新稽核 – 非監督式機器學習指令

- 非監督式機器學習，讓稽核變得智慧化與自動化。

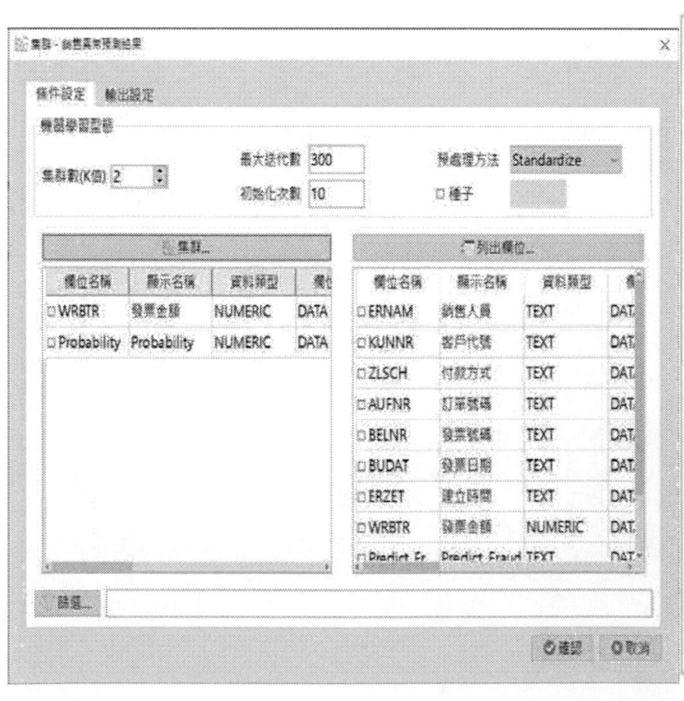

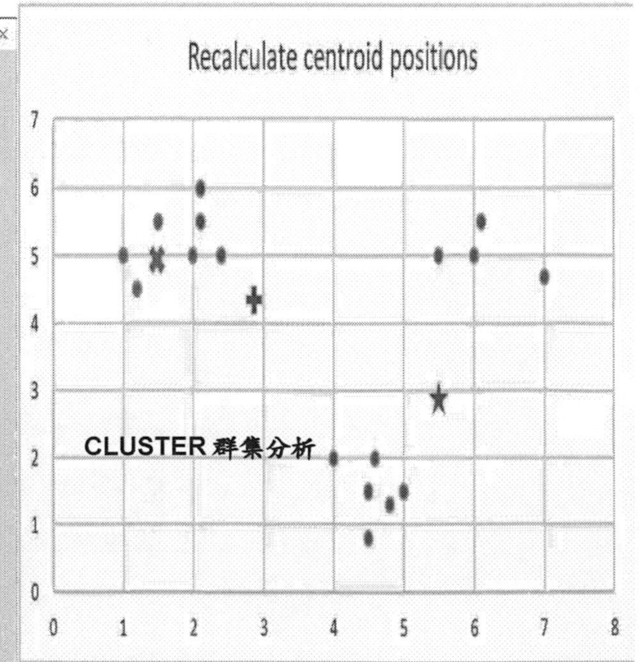

JCAATs-AI 稽核機器學習的作業流程

- 用戶決策模式的機器學習流程

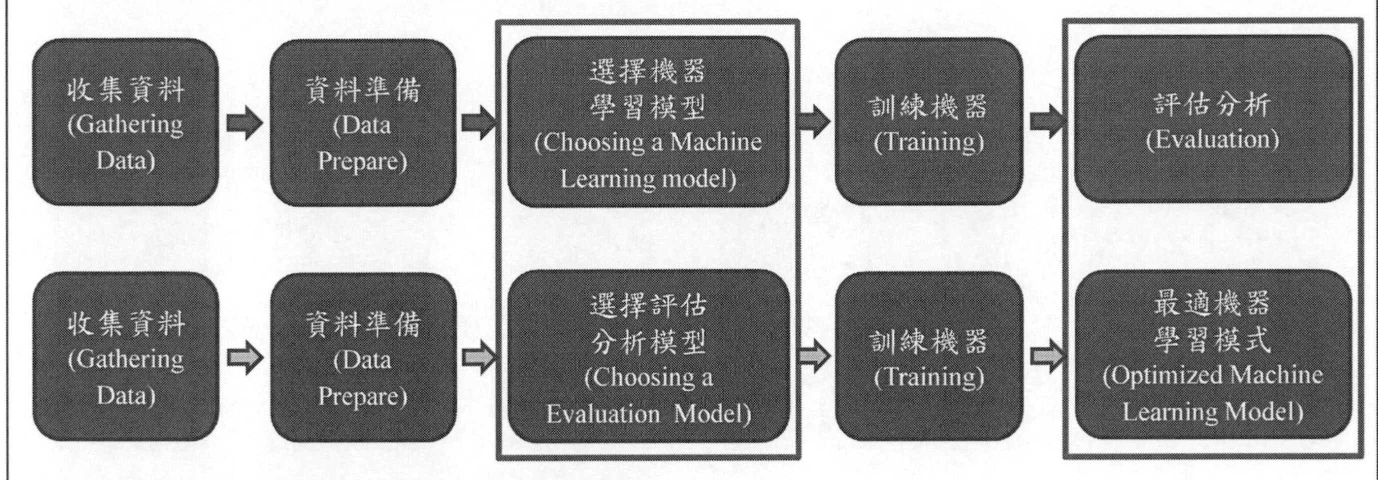

- 系統決策模式的機器學習流程

*<u>JCAATs提供二種機器學習決策模式</u>，讓不同的人可以自行選擇使用方式。

JCAATs監督式機器學習指令：學習(Train)和預測(Predict) 作業程序

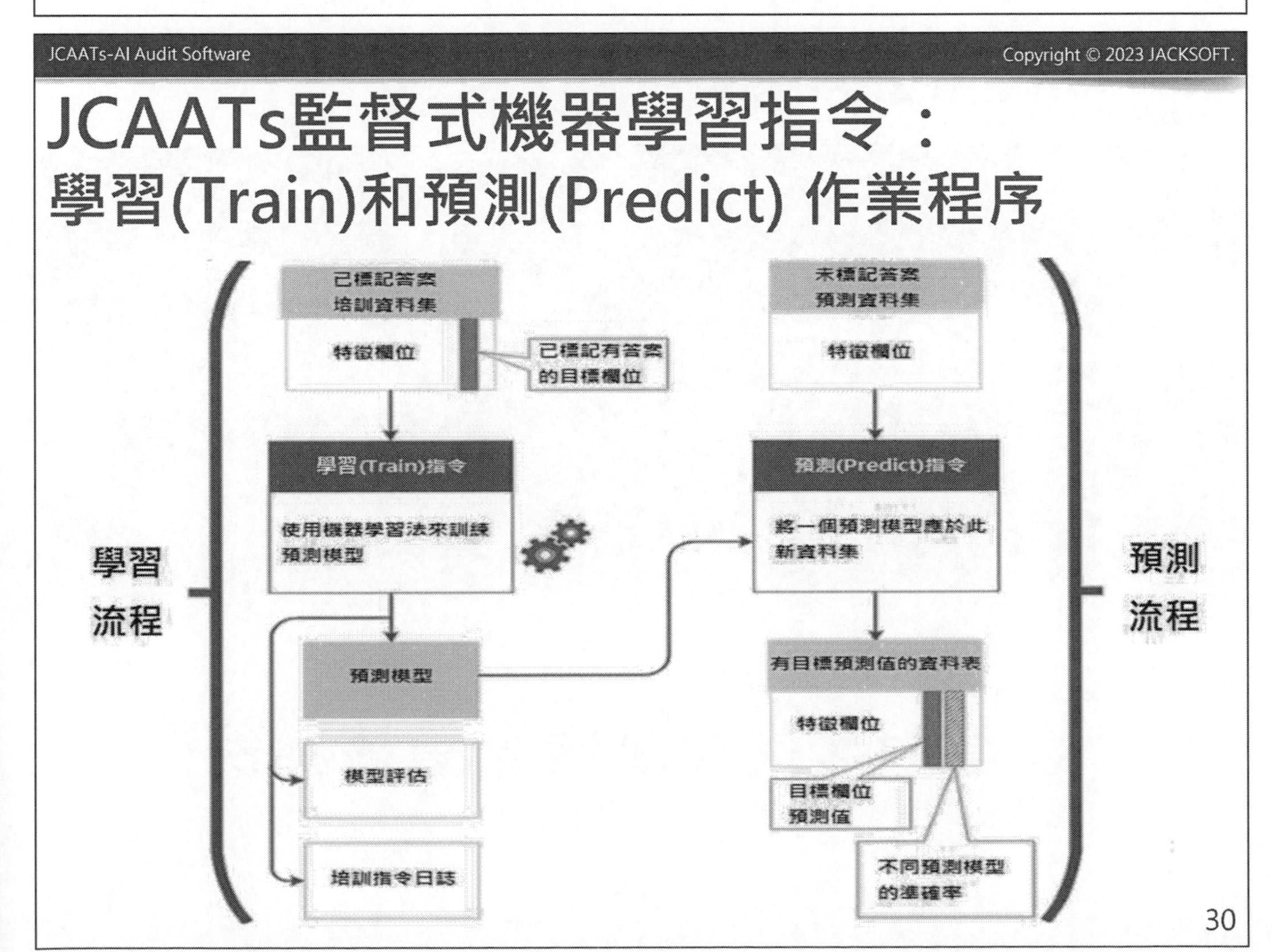

AI智能稽核專案執行步驟

➢ 可透過JCAATs AI稽核軟體，有效完成專案，包含以下六個階段：

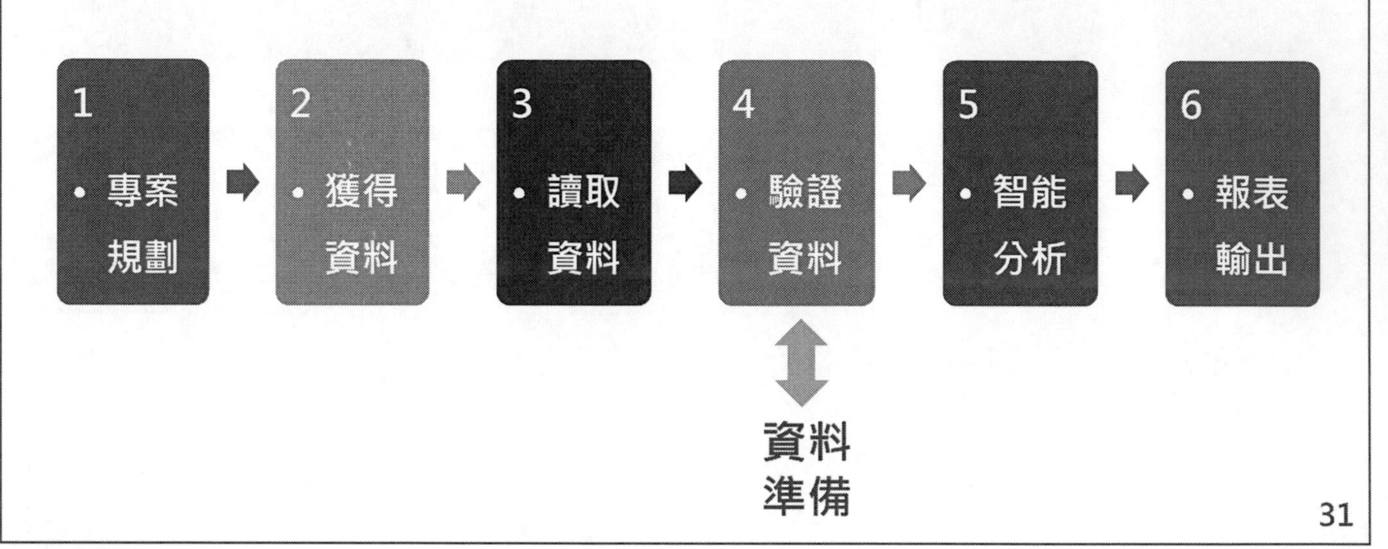

jacksoft | AI Audit Expert

www.jacksoft.com.tw

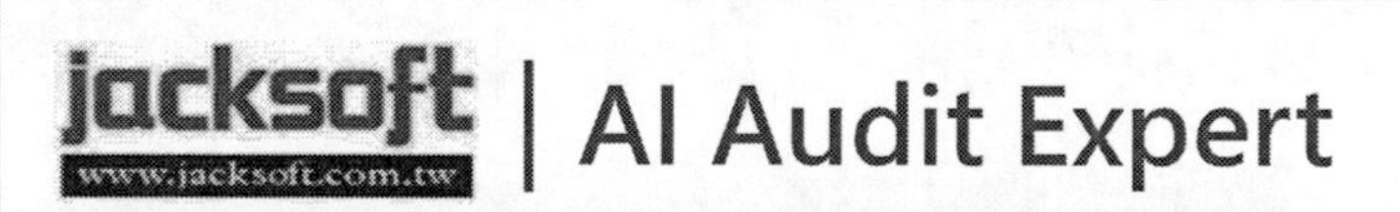

上機演練一：第一次JCAATs 監督式機器學習

以客戶流失風險預測稽核為例

自稽核資料倉儲取得資料

操作步驟：
建立資料夾->新增專案->複製另一專案->連結新資料來源

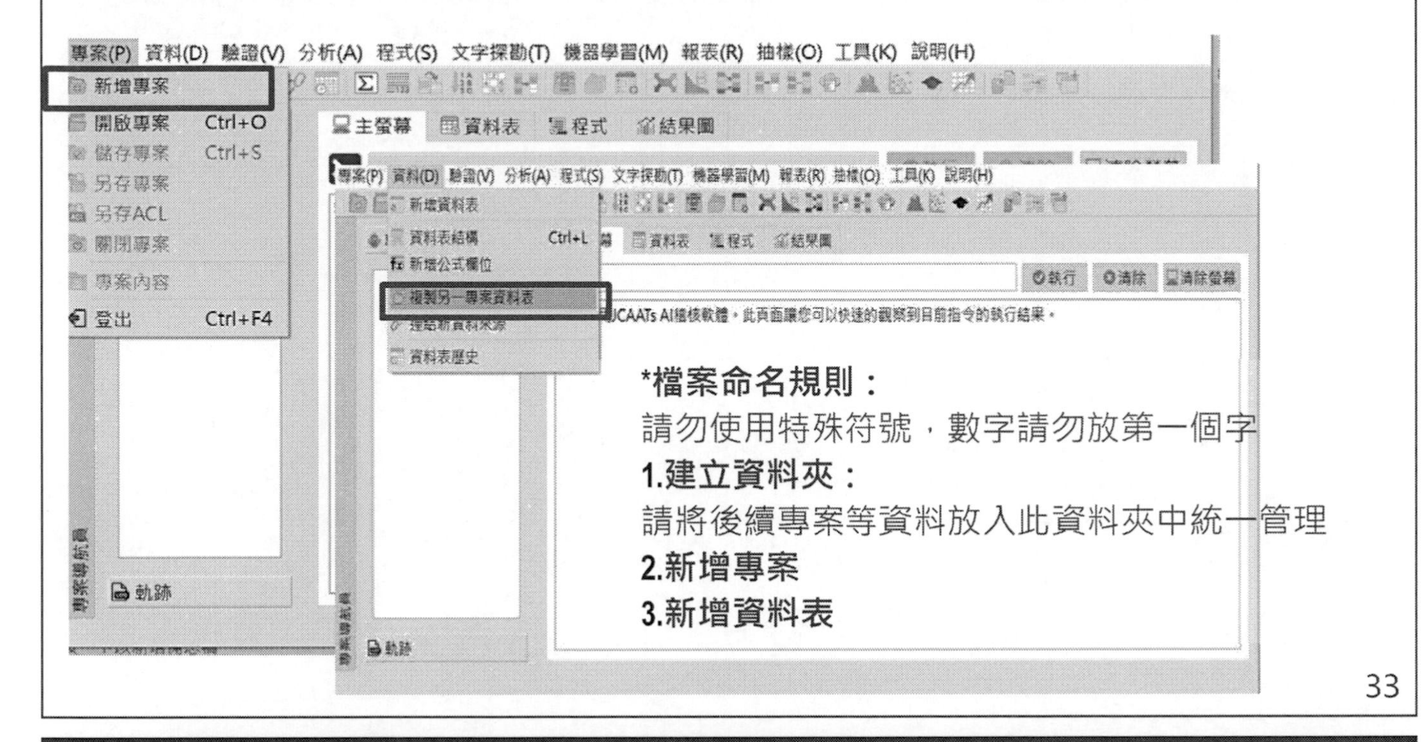

自稽核資料倉儲複製專案格式並完成資料表連結

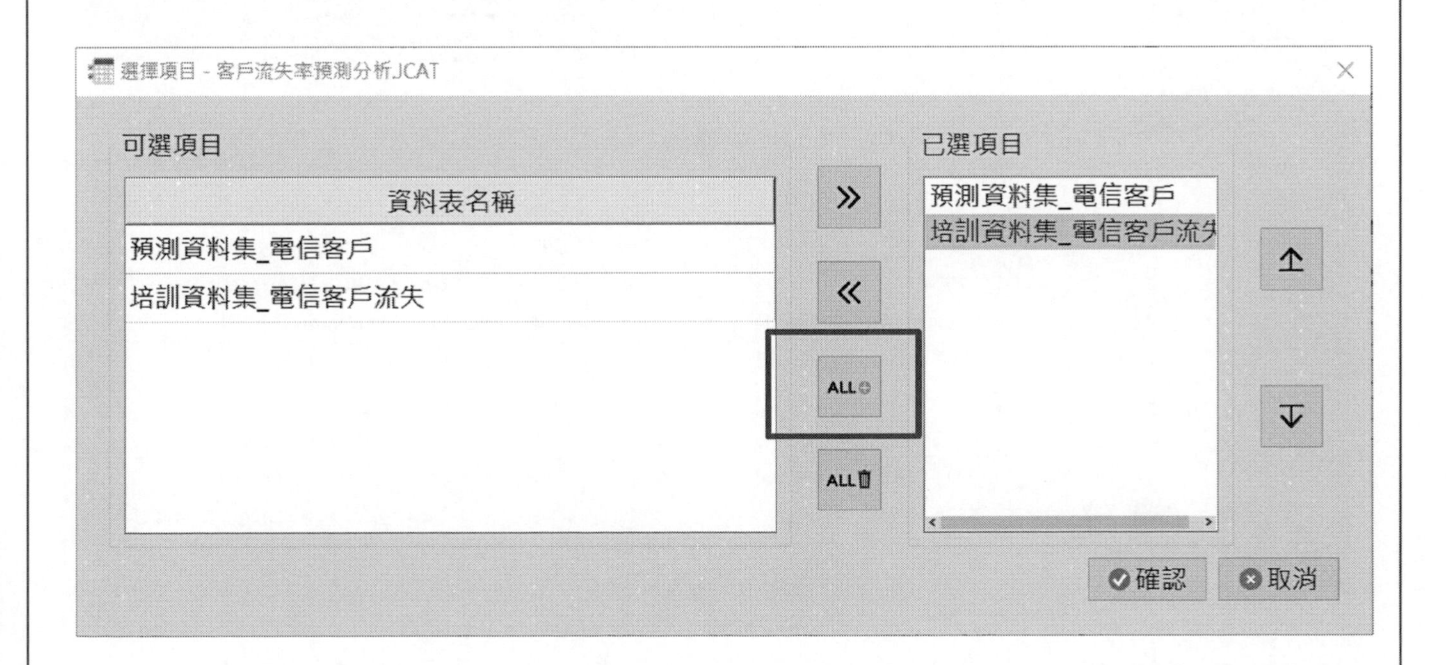

驗證資料完整性—培訓資料

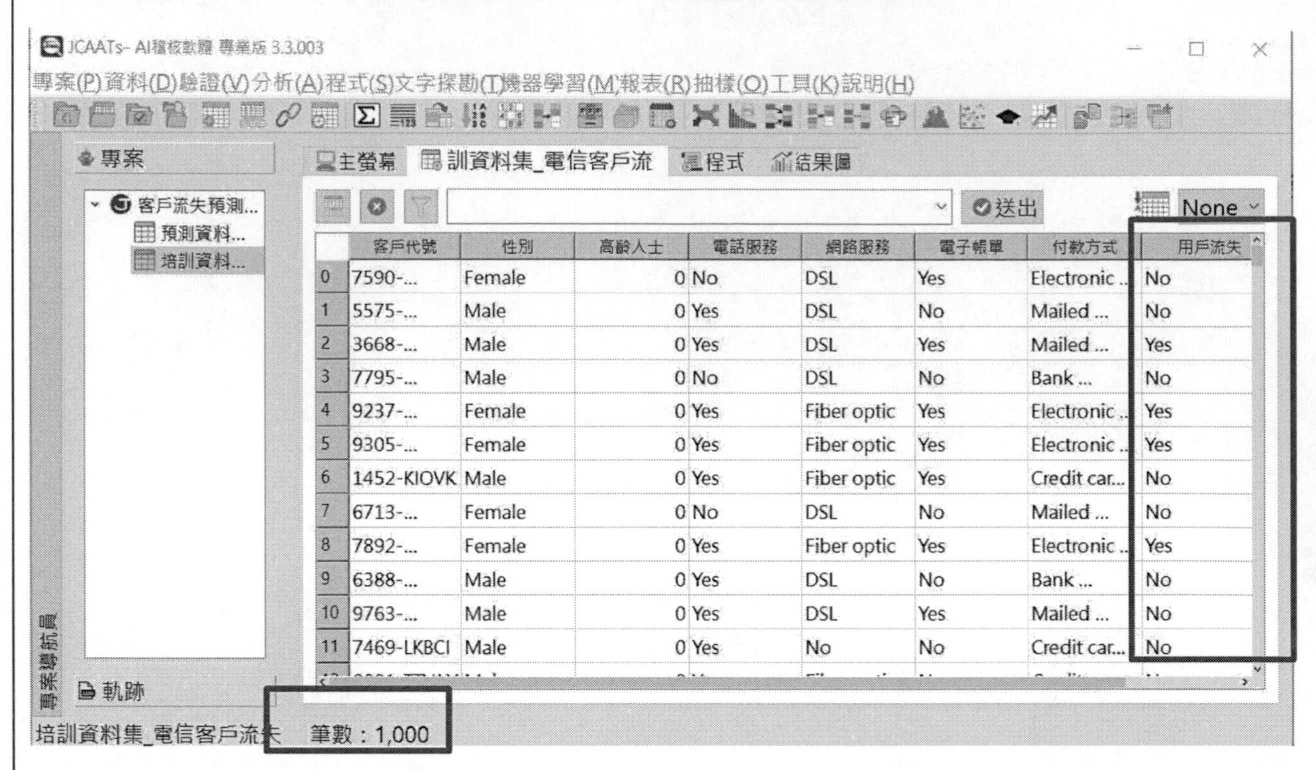

	客戶代號	性別	高齡人士	電話服務	網路服務	電子帳單	付款方式	用戶流失
0	7590-...	Female	0	No	DSL	Yes	Electronic ...	No
1	5575-...	Male	0	Yes	DSL	No	Mailed ...	No
2	3668-...	Male	0	Yes	DSL	Yes	Mailed ...	Yes
3	7795-...	Male	0	No	DSL	No	Bank ...	No
4	9237-...	Female	0	Yes	Fiber optic	Yes	Electronic ...	Yes
5	9305-...	Female	0	Yes	Fiber optic	Yes	Electronic ...	Yes
6	1452-KIOVK	Male	0	Yes	Fiber optic	Yes	Credit car...	No
7	6713-...	Female	0	No	DSL	No	Mailed ...	No
8	7892-...	Female	0	Yes	Fiber optic	Yes	Electronic ...	Yes
9	6388-...	Male	0	Yes	DSL	No	Bank ...	No
10	9763-...	Male	0	Yes	DSL	Yes	Mailed ...	No
11	7469-LKBCI	Male	0	Yes	No	No	Credit car...	No

提供整理好1,000筆歷史資料，以利後續進行知識學習

驗證資料完整性—待預測分析資料

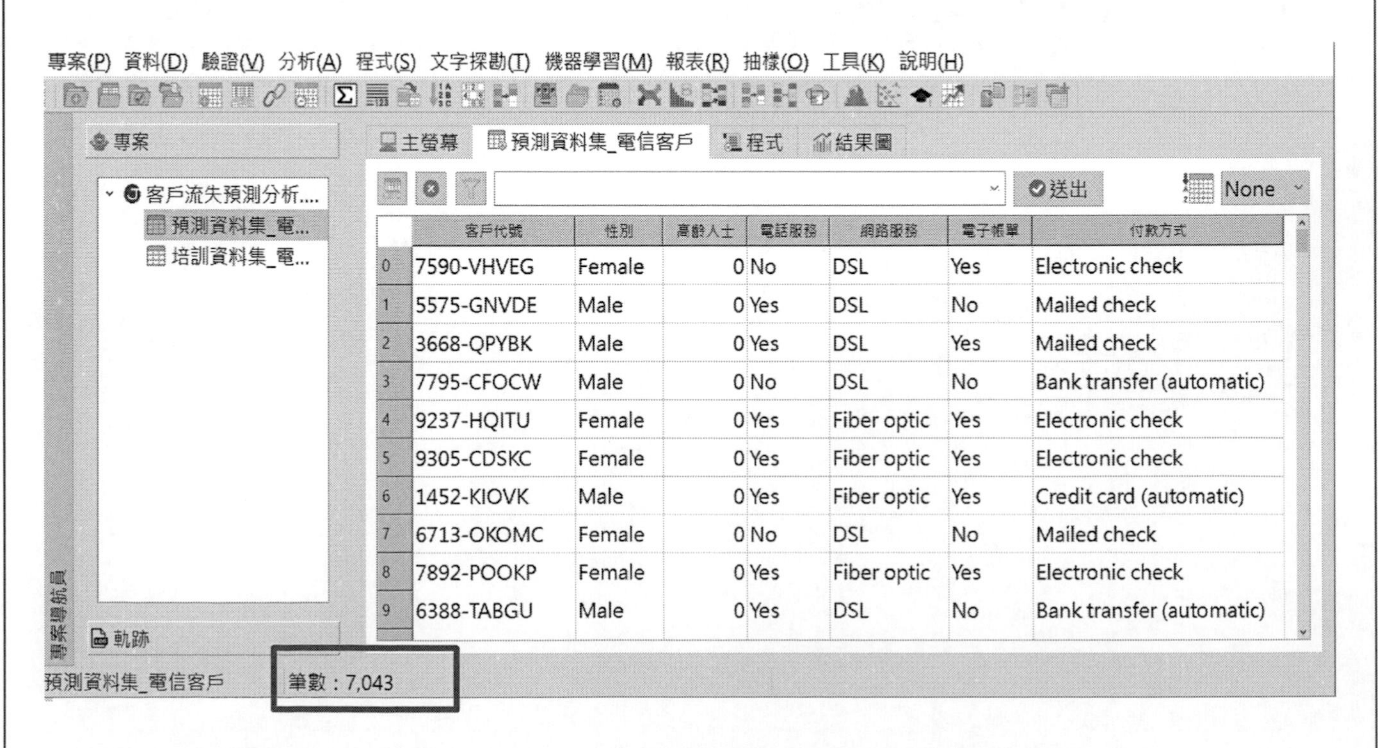

	客戶代號	性別	高齡人士	電話服務	網路服務	電子帳單	付款方式
0	7590-VHVEG	Female	0	No	DSL	Yes	Electronic check
1	5575-GNVDE	Male	0	Yes	DSL	No	Mailed check
2	3668-QPYBK	Male	0	Yes	DSL	Yes	Mailed check
3	7795-CFOCW	Male	0	No	DSL	No	Bank transfer (automatic)
4	9237-HQITU	Female	0	Yes	Fiber optic	Yes	Electronic check
5	9305-CDSKC	Female	0	Yes	Fiber optic	Yes	Electronic check
6	1452-KIOVK	Male	0	Yes	Fiber optic	Yes	Credit card (automatic)
7	6713-OKOMC	Female	0	No	DSL	No	Mailed check
8	7892-POOKP	Female	0	Yes	Fiber optic	Yes	Electronic check
9	6388-TABGU	Male	0	Yes	DSL	No	Bank transfer (automatic)

共7,043筆客戶資料待分析預測客戶是否會流失

客戶流失率預測：學習(Train)

專案(P) 資料(D) 驗證(V) 分析(A) 程式(S) 文字探勘(T) 機器學習(M) 報表(R)

離群 / 學習 / 預測 / 集群

專案 主螢幕 培訓資 戶流失

客戶流失率預測...
預測資料集_...
培訓資料集_...

	客戶代號	性別	高齡人士
0	7590-...	Female	
1	5575-...	Male	
2	3668-...	Male	
3	7795-...	Male	
4	9237-HQITU	Female	
5	9305-CDSKC	Female	
6	1452-KIOVK	Male	
7	6713-...	Female	
8	7892-...	Female	
9	6388-...	Male	

操作步驟：

1.開啟：「**培訓資料集**」資料表

2.從Meun Bar選取**機器學習**

3.選取**學習(Train)指令**

學習指令條件設定：

點選學習指令之條件設定：

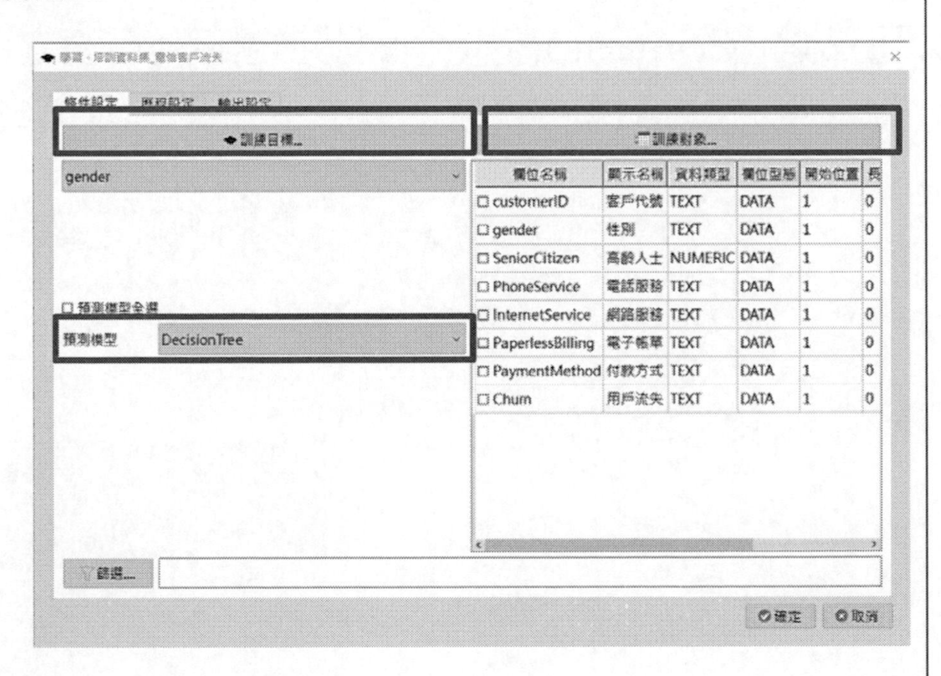

1.點選設定
訓練目標欄位：
Churn (用戶流失)

2.下拉選取
預測模型：
Decision Tree
(決策樹)

3. 點選設定
訓練對象欄位：
(1)性別
(2)高齡人士

成為訓練的特徵欄位。

學習指令輸出設定：

機器學習→學習指令介面→輸出設定

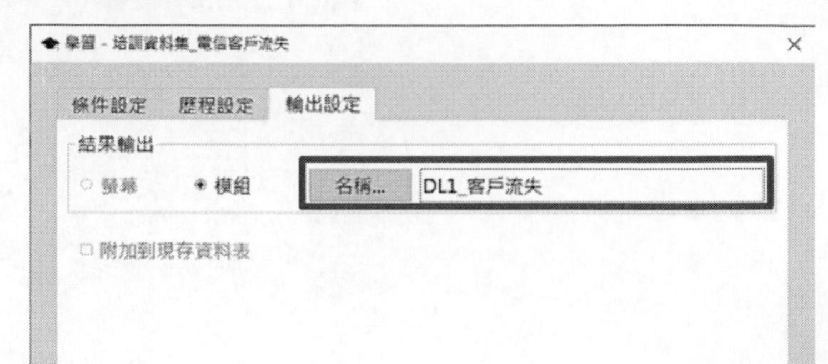

1.結果輸出：
2.模組輸入名稱：DL1_客戶流失
3.點選[**確定**]。

完成以上學習指令後，會於：
一、**專案資料夾**中產生知識模型(副檔名為.jkm)
二、**專案檔中**產生有**三個學習成果分析報表：**
ConfusionMatrix、PerformanceMatric、
SummaryReport

學習結果產出：

學習(Train指令)執行完會產出三個結果表，
可點選_ ConfusionMatrix混沌矩陣資料表之[結果圖]頁籤，可透過圖形化方式檢視，快速了解學習知識模型之成果。

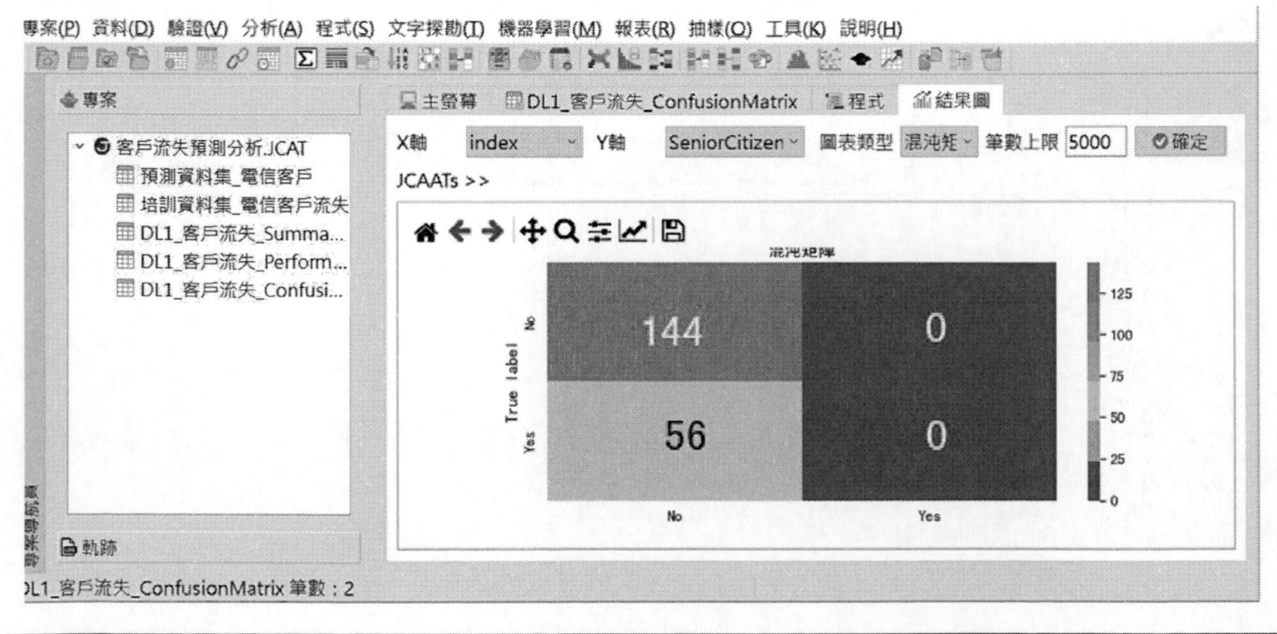

客戶流失率預測：預測(Predit)

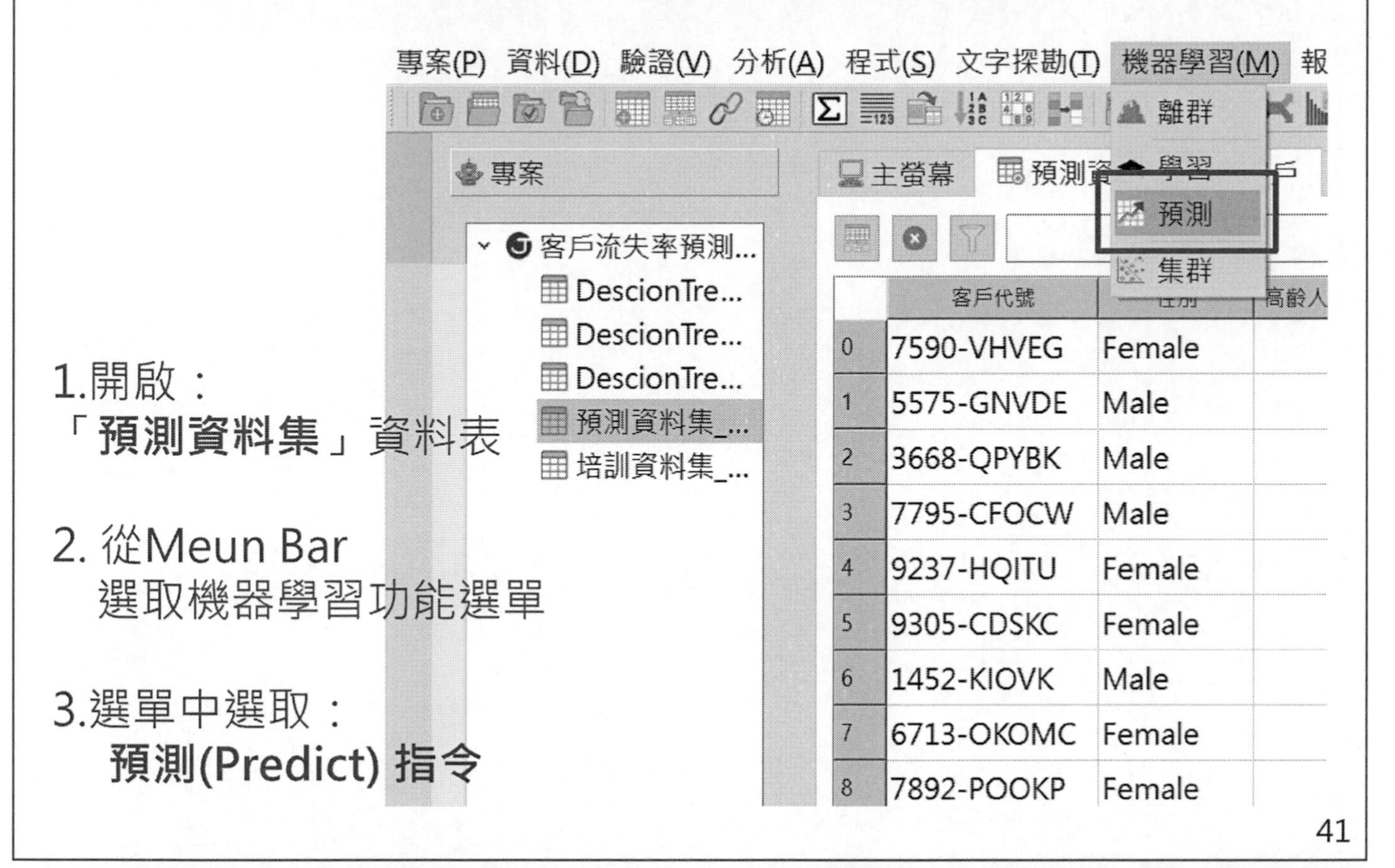

預測(Predit)指令條件設定：

機器學習→預測→條件設定

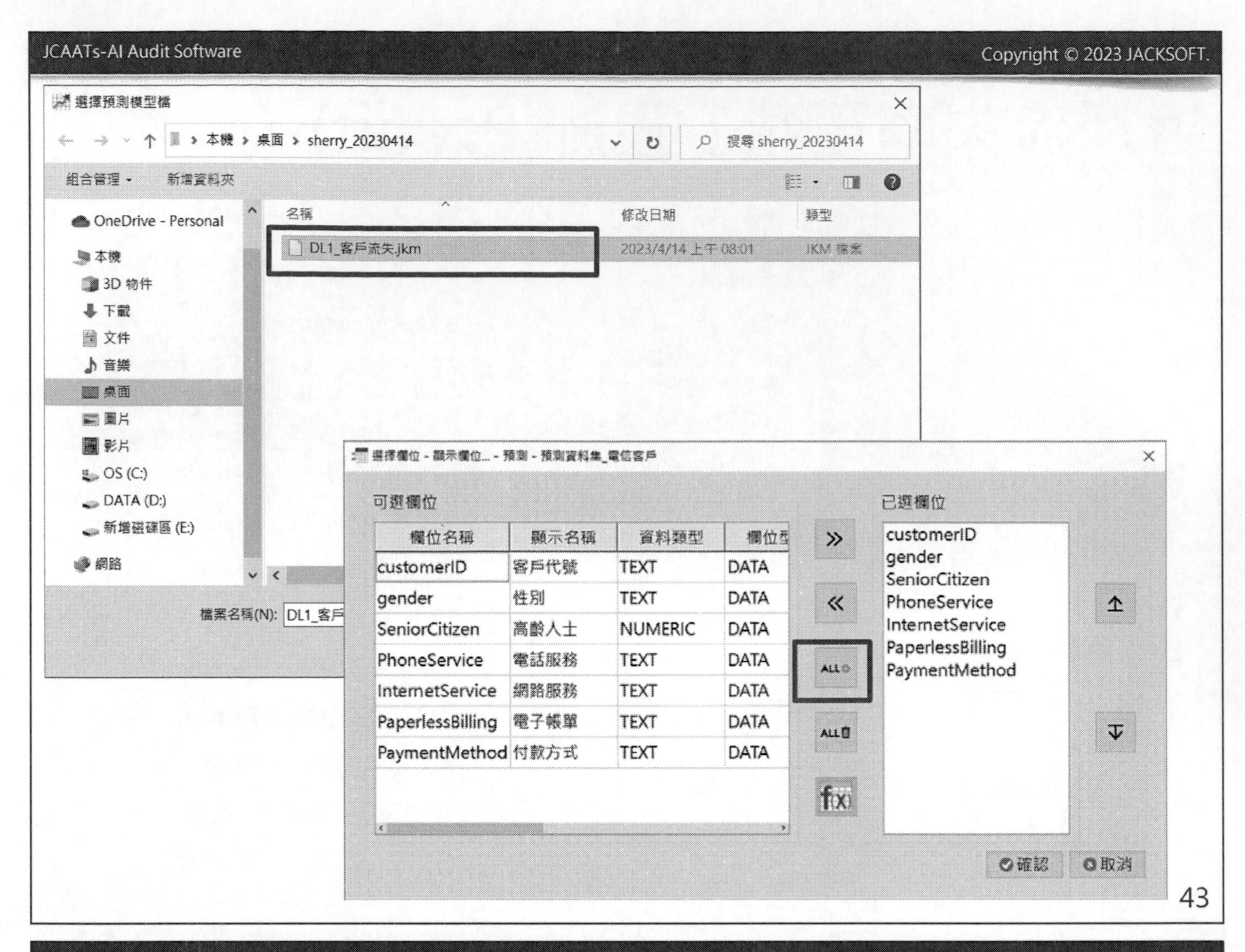

預測(Predit)輸出設定

機器學習→預測→輸出設定

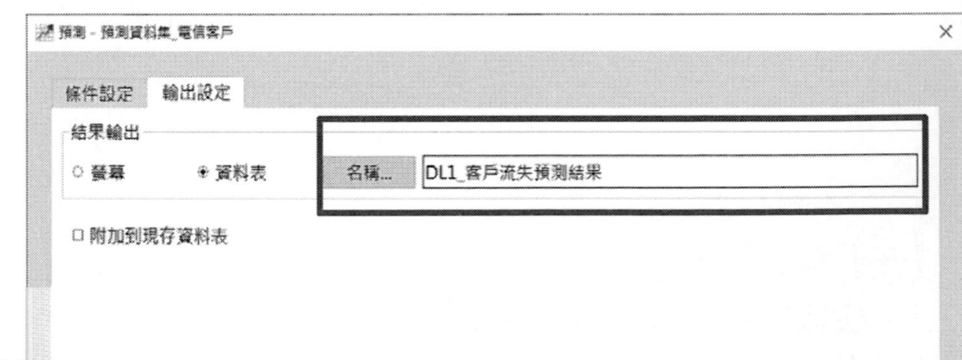

1.結果輸出：資料表

輸入資料表名稱：**DL1_客戶流失預測結果**

2.點選**[確定]**，

JCAATs會依據您選擇的學習知識模型
就未知資料進行預測分析，產出預測結果。

預測(Predit)結果檢視

開啟客戶流失預測結果，此時在表格會新增有
Predict_ Churn (預測值) 和**Probability (可能性)**二欄位

預測(Predit)結果檢視

可使用分類指令，針對Predict_ Churn (預測值) 進行分析
將分析結果輸出設定到螢幕

機器學習-反思

恭喜你已會使用JCAATs進行機器學習與預測未來
但
我如何分辨這一次的學習好壞?

學習完後產出有三個資料表要做什麼?

1. DecisionTree_客戶流失預測_ConfusionMatrix
2. DecisionTree_客戶流失預測_ PerformanceMatric
3. DecisionTree_客戶流失預測_SummaryReport

| AI Audit Expert

如何評估一個監督式機器學習模型的好壞?

機器學習模型評估基礎-混沌矩陣 (confusion matrix)

True/False 預測正確?　　Positive/Negative 預測方向

	預測YES	預測NO
實際 YES	TP (True Positive)	FP (False Positive) Type I Error
實際 NO	FN (False Negative) Type II Error	TN (True Negative)

參考來源：https://www.ycc.idv.tw/confusion-matrix.html

General Metrics (通用指標) ：

- **預測誤差(error, ERR)** ： proportion of error classifications 為預測錯誤樣本的數量與所有樣本數量的比值。
- **準確率(accuracy, ACC)** ： proportion of correct classifications為預測正確樣本的數量與所有樣本數量的比值。
  Accuracy = (TP + TN) / (TP + TN + FP + FN)
- 其中**ERR=1-ACC**。

習題：準確率計算練習

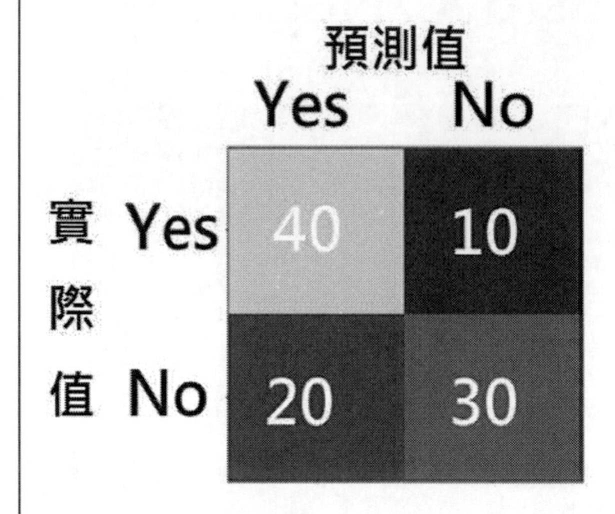

預測誤差(error, ERR) = (10+20)/(40+20+10+30) = 0.3

準確率(accuracy) = (40+30)/(40+20+10+30) = 0.7

依準確率為學習成效指標的問題/缺點？

- When your class distribution is imbalanced (one class is more frequent than others).
- In this case, even if you predict all samples as the most frequent class you would get a high accuracy rate, which does not make sense at all (because your model is not learning anything, and is just predicting everything as the top class).

- **當母體的 YES與NO分配不平衡**時 (例如：YES比NO多很多）。
- 在這種情況下，若將所有樣本都預測為最多的那一類別，就會獲得較高的準確率，這根本沒有意義（因為您的模型沒有學習任何東西，而只是將所有事物都預測為最多的那一類）。

*Not a good metric for AI Auditing

這不是稽核領域機器學習的好指標，因稽核資料通常不平衡。

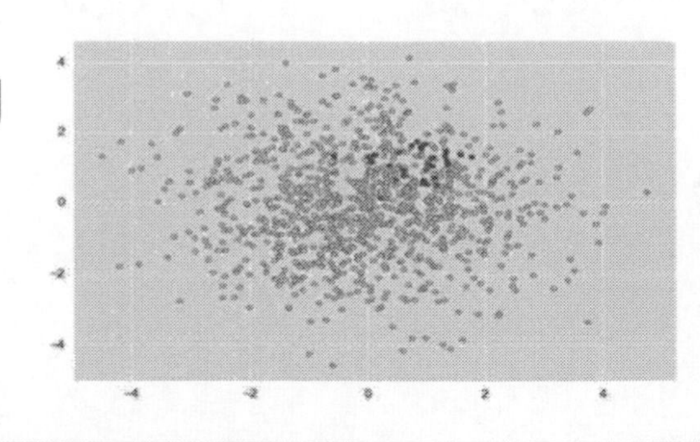

準確率悖離事實的現象說明：

例如： 我們評估A和B二個對貓狗相片進行機器學習的效果，若以準確率(Accuracy)為標準：

- A演算法準確率(40+940)/1100= 89.1% ，
- B演算法準確率1000/1100= 90.9%，

所以B比A好。但若細看B演算法可能只是全部預測為Non-Cat， 因為目前資料不平衡，因此有較高準確率，並非就是一個好的機器學習方法。

A

		Predicted Class	
		Cat	Non-Cat
Actual Class	Cat	40	60
	Non-Cat	60	940

B

		Predicted Class	
		Cat	Non-Cat
Actual Class	Cat	0	0
	Non-Cat	100	1000

JCAATs機器學習指令內建評估指標

評估指標
準確率(ACCURACY)
精確率(PRECISION)
召回率(RECALL)
F1-score(F1)

這些評估指標都是值越大表示學習效果越好。

- Precision(精確率)：
  以預測的角度來評估預測正確的情形。
- Recall(召回率或敏感性)：
  以實際的角度來評估預測正確的情形。
- F1-score：
  能同時考慮精確率與召回率這兩個數值，平衡地反映這個演算法的精確度。

COVID-19快篩期間常見的名詞：

名詞解釋

敏感性：有病的人被檢出陽性的比例 真陽性

特異性：沒病的人被檢出陰性的比例 真陰性

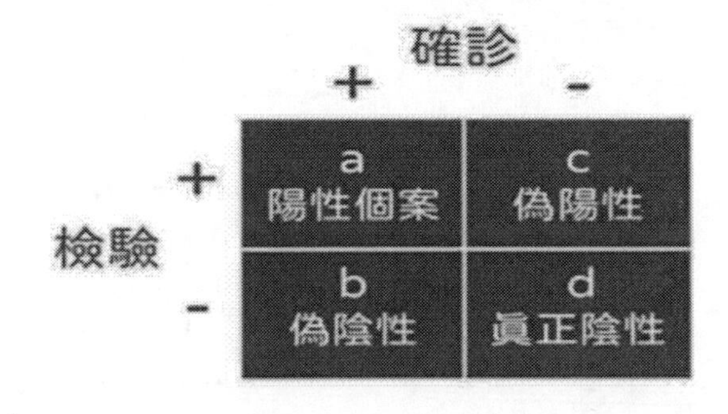

$$敏感性 = \frac{檢驗陽性(a)}{有病的人(a+b)}$$

$$特異性 = \frac{檢驗陰性(d)}{沒病的人(c+d)}$$

資料來源：https://www.facebook.com/mohw.gov.tw/photos/a.484593545040402/1549192585247154/?type=3

機器學習評估指標：精確率(PRECISION)

- 在機器學習中，**Precision（精確率）**是用於評估分類器性能的指標之一，它表示被分類器預測為**正樣本的樣本中，實際為正樣本的比例**。換句話說，Precision是指所有被預測為正樣本的樣本中，真正為正樣本的樣本數占的比例。它的計算公式如下：

  Precision = TP / (TP + FP)

- 其中，TP（True Positive）表示真正例，即被預測為正樣本且實際上也為正樣本的樣本數，FP（False Positive）表示假正例，即被預測為正樣本但實際上為負樣本的樣本數。

- **Precision的值越高**，代表分類器在將負樣本分類為正樣本的能力越低，即**分類器的預測較為準確**。因此，當我們希望將負樣本錯誤分類為正樣本的情況盡可能地減少時，可以使用Precision進行模型性能的評估。

機器學習評估指標：召回率(RECALL)

- 在機器學習中，Recall（召回率）是用於評估二元分類器性能的指標之一，它表示實際為正樣本的樣本中，被分類器預測為正樣本的比例。換句話說，Recall是指所有實際為正樣本的樣本中，被正確預測為正樣本的樣本數占的比例。它的計算公式如下：

  Recall = TP / (TP + FN)

- 其中，TP（True Positive）表示真正例，即被預測為正樣本且實際上也為正樣本的樣本數，FN（False Negative）表示假負例，即被預測為負樣本但實際上為正樣本的樣本數。

- **Recall的值越高**，代表分類器在將正樣本分類為負樣本的能力越低，即分類器的漏警率較低，**即分類器的預測較為準確**。因此，當我們希望將實際為正樣本的樣本盡可能地被預測為正樣本時，可以使用Recall進行模型性能的評估。

機器學習評估指標： F1-score

- F1-score是機器學習中一個常用的評估指標，用於評估分類器的性能，它綜合考慮了**精確率**和**召回率**。

- F1-score是精確率和召回率的調和平均數，其計算公式為：

  F1-score = 2 * Precision * Recall / (Precision + Recall)

- **F1-score的取值範圍在0到1之間**，**越接近1代表模型的預測能力越好**，越接近0代表模型的預測能力越差。當精確率和召回率相等時，F1-score最大，此時模型的性能最好。

習題：評估指標計算練習

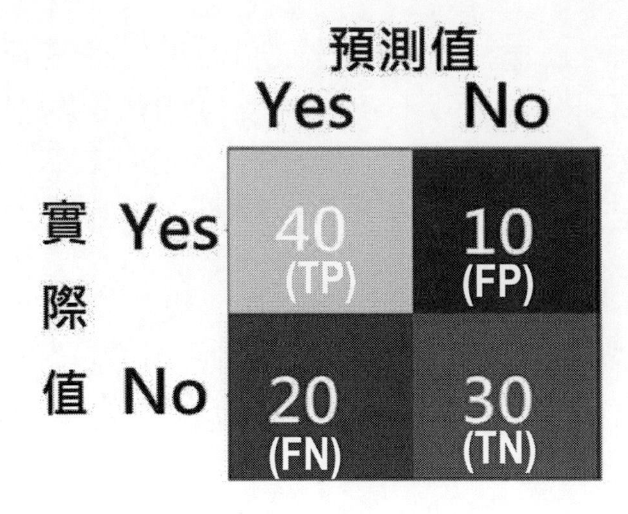

- 精確率(Precision) = 40/(40+10) = 0.8
- 召回率(Recall)= 40/(40+20)= 0.67

F1-score= 2*0.8*0.67/(0.8+0.67) = 0.73

多元分類評估指標計算方式

- **JCAATs提供二元分類**與**多元分類機器學習**，在計算評估指標使用權重 (Weight)的概念，讓指標更具代表性，其方式如下。
- **個別分類精確率計算公式：**
  - **Precision(Class)=Diagonal(Class)/ Sum of each column(Class)**
- **權重精確率計算公式：**
  - **Precision_Weight = Sum(Precision(Class)*該類值占比率)**

- 例如上頁範例： **Precision(精確率) = 40/(40+10) = 0.8**
  - **精確率(Yes) = 40/(40+20) = 0.67**
  - **精確率(No) = 30/(10+30) = 0.75**
  - **Precision_Weight = (0.67*(40+10)/100)+(0.75*(20+30)/100) = 0.71**

- 召回率 與 F1-Score 的權重法均以類似方式來計算。

實務案例情境分析：客戶資料流失

以電信業客戶流失預測為例，了解機器學習資料集
以下說明機器學習應用技巧與重點

訓練資料集：電信業客戶流失率資料集

格式說明表

欄位名稱	說明	資料類型	備註
customerID	客戶代號	文字	
gender	性別	文字	
SeniorCitizen	高齡人士	文字	1 代表高齡人士 0 為一般人士
PhoneService	電話服務	文字	
InternetService	網路服務	文字	DSL 為一般網路 Fiber optic 為光纖網路 No 為無申請此服務
PaperlessBilling	電子帳單	文字	
PaymentMethod	付款方式	文字	Bank transfer (automatic) 銀行自動轉帳 Credit card (automatic)信封卡自動扣款 Electronic check 電子支票 Mailed check郵寄支票
Churn	用戶流失	文字	

客戶流失率預測查核專案

有1000筆已標示好**用戶流失狀況**的資料集可以供我們機器學習

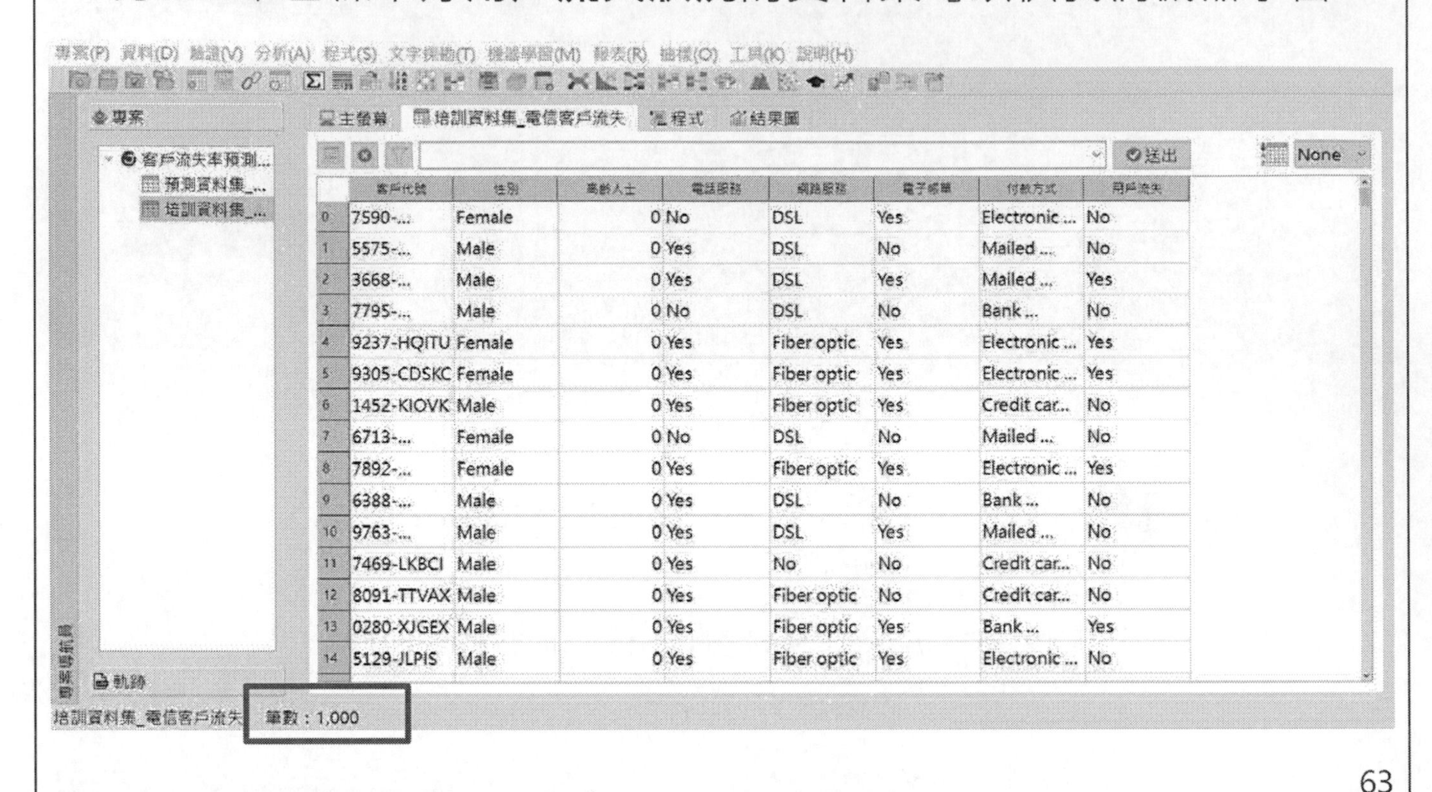

	客戶代號	性別	高齡人士	電話服務	網路服務	電子帳單	付款方式	用戶流失
0	7590-...	Female	0	No	DSL	Yes	Electronic ...	No
1	5575-...	Male	0	Yes	DSL	No	Mailed ...	No
2	3668-...	Male	0	Yes	DSL	Yes	Mailed ...	Yes
3	7795-...	Male	0	No	DSL	No	Bank ...	No
4	9237-HQITU	Female	0	Yes	Fiber optic	Yes	Electronic ...	Yes
5	9305-CDSKC	Female	0	Yes	Fiber optic	Yes	Electronic ...	Yes
6	1452-KIOVK	Male	0	Yes	Fiber optic	Yes	Credit car...	No
7	6713-...	Female	0	No	DSL	No	Mailed ...	No
8	7892-...	Female	0	Yes	Fiber optic	Yes	Electronic ...	Yes
9	6388-...	Male	0	Yes	DSL	No	Bank ...	No
10	9763-...	Male	0	Yes	DSL	Yes	Mailed ...	No
11	7469-LKBCI	Male	0	Yes	No	No	Credit car...	No
12	8091-TTVAX	Male	0	Yes	Fiber optic	No	Credit car...	No
13	0280-XJGEX	Male	0	Yes	Fiber optic	Yes	Bank ...	Yes
14	5129-JLPIS	Male	0	Yes	Fiber optic	Yes	Electronic ...	No

各資料欄位特徵分類(Classify)

- 透過分類(Classify)指令，可以協助您快速瞭解資料
  訓練目標：「用戶流失（Churn）」欄位
  Yes流失：佔樣本資料25.6%，No未流失：佔比74.4%

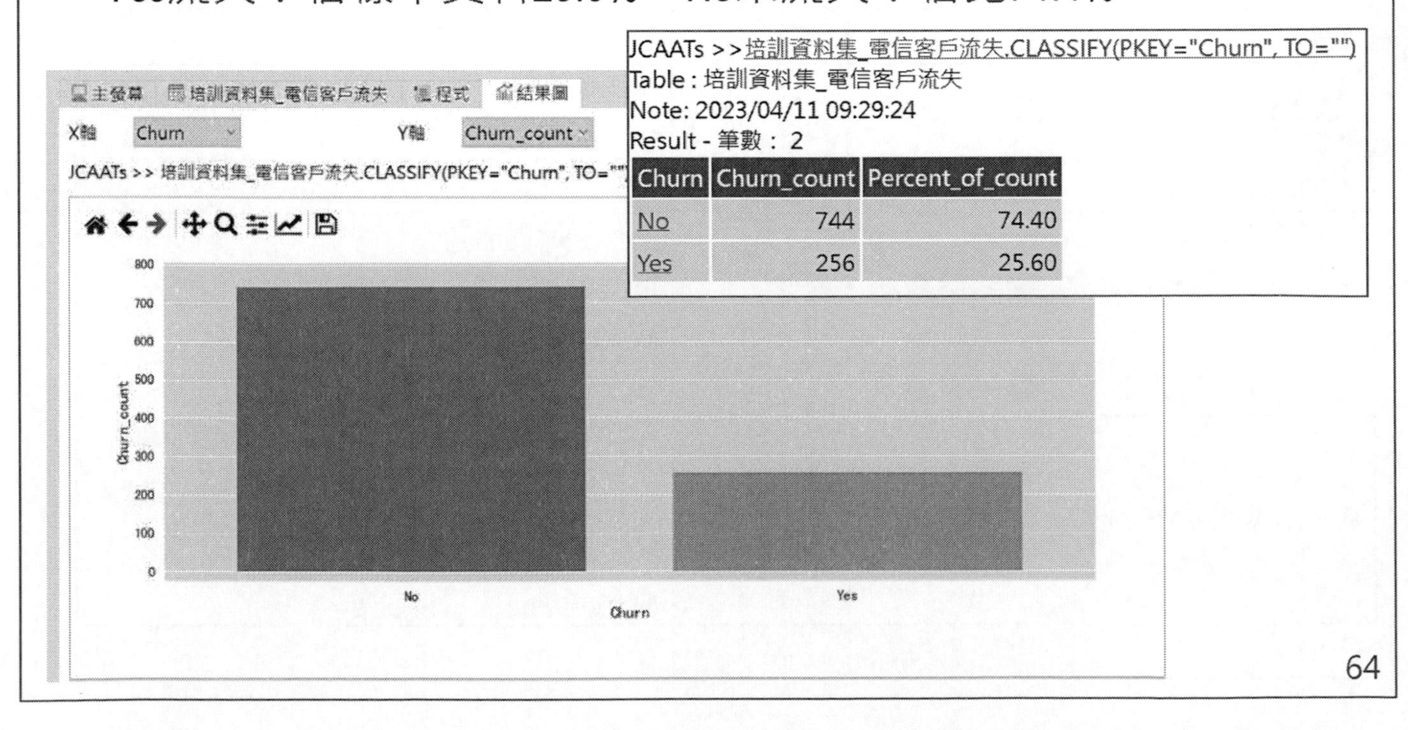

JCAATs >>培訓資料集_電信客戶流失.CLASSIFY(PKEY="Churn", TO="")
Table : 培訓資料集_電信客戶流失
Note: 2023/04/11 09:29:24
Result - 筆數： 2

Churn	Churn_count	Percent_of_count
No	744	74.40
Yes	256	25.60

各資料欄位特徵分類(Classify)

- 在性別欄位中：男性為51%，女性為49%
- 在高齡人士欄位：0 (非)為83.7% ，1(是)為16.3%

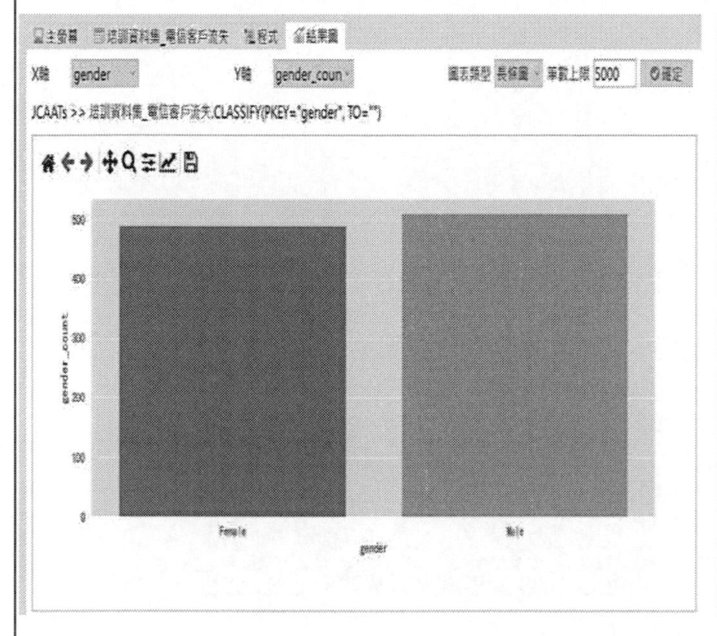

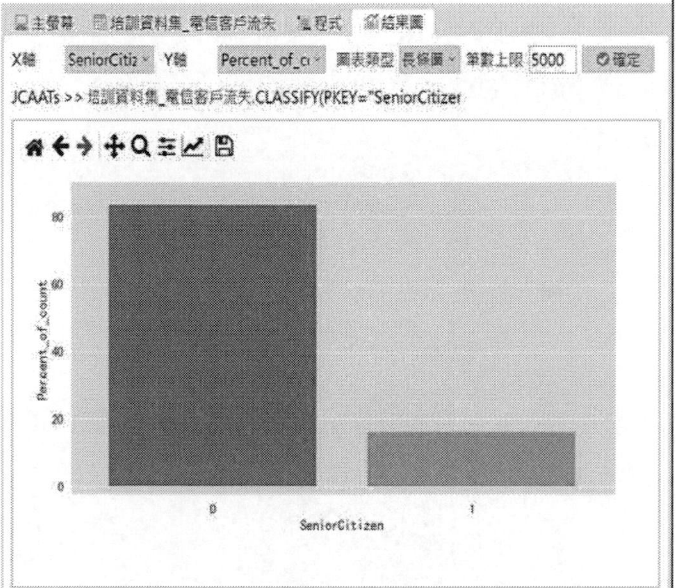

各資料欄位特徵分類(Classify)

- 電話服務欄位：Yes為90.7%，No為9.3%
- 網路服務欄位：DSL為32.9% ，Fiber optic為46.8%，No為20.3%

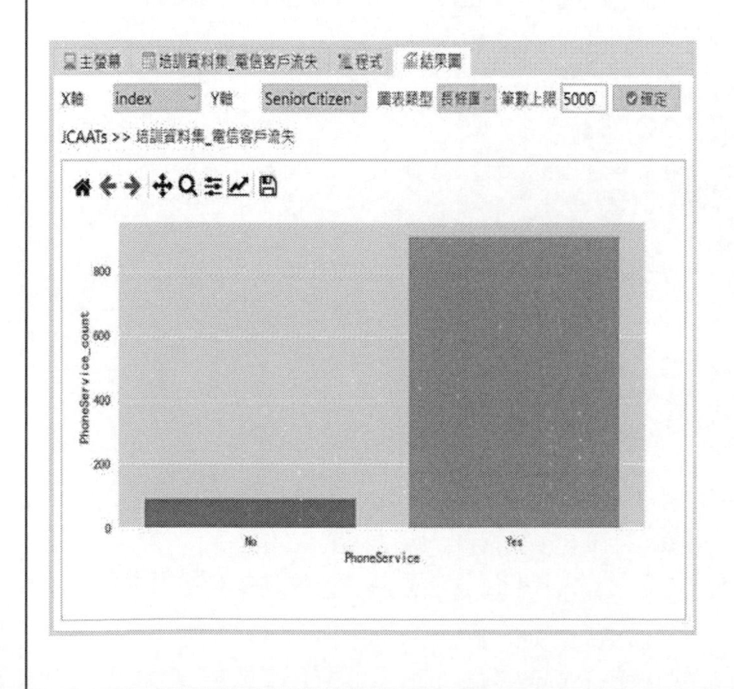

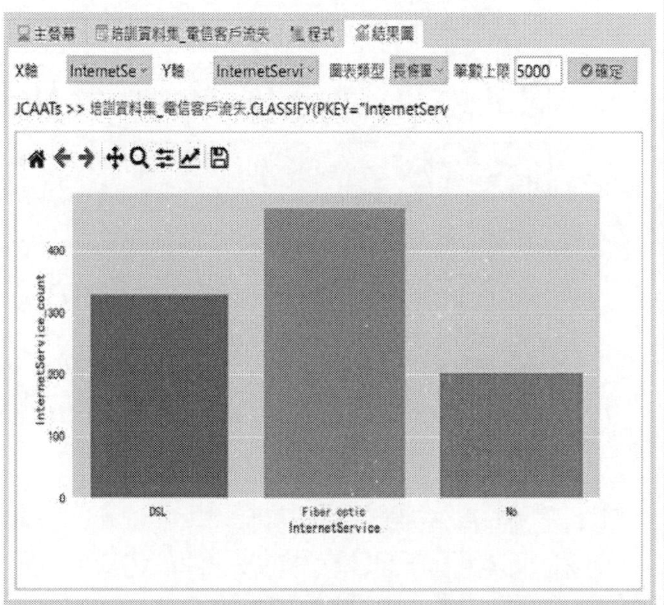

各資料欄位特徵分類(Classify)

- 付款方式欄位：
  Bank transfer (automatic)為24.30%
  Credit card (automatic)為23.00%
  Electronic check為31.00%
  Mailed check為21.70%

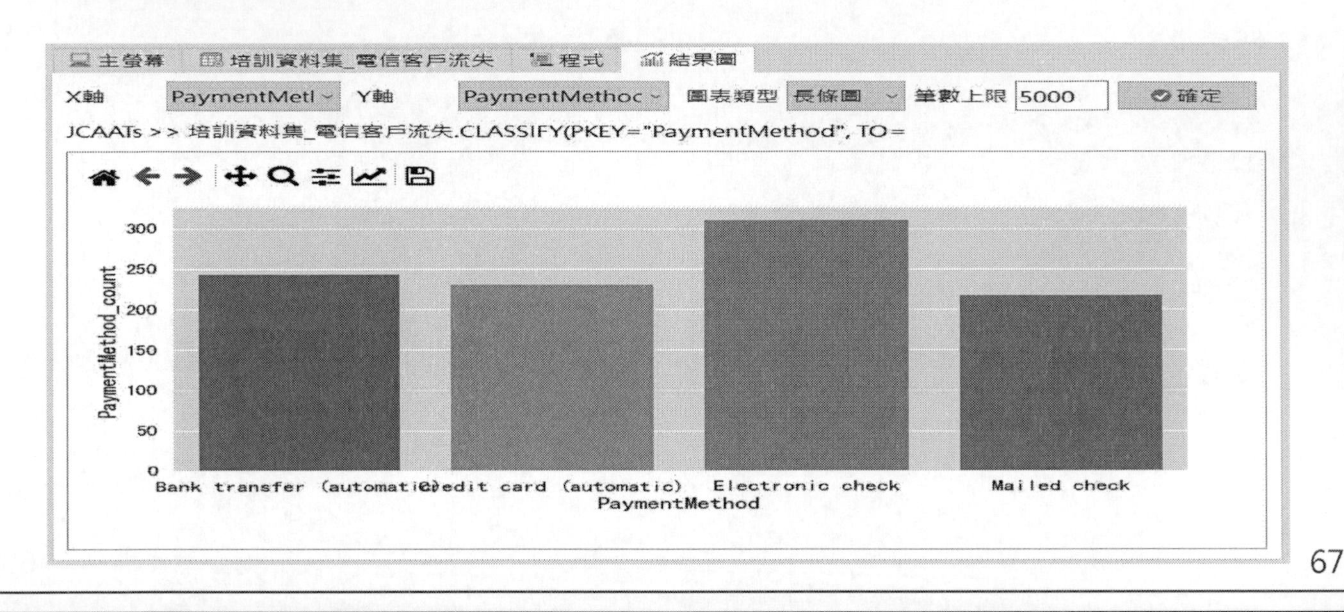

JCAATs機器學習指令內建演算法

機器學習演算法
1.決策樹(Decision Tree)
2.K近鄰算法(K-Nearest Neighbors)
3.邏輯斯回歸 **(Logistic Regression)** 適合二元分類
4.隨機森林(Random Forest)
5.支持向量機(Support Vector Machine)

*以上為精選較適合稽核使用，較易驗證者
作為 JCAATs EDU教育版標準功能，其他更多機器學習演算法(如類神經網路等)，請洽專業版選配功能服務

機器學習指令內建演算法：K近鄰算法(KNN)

- KNN是一種監督式機器學習算法，全稱為K-Nearest Neighbors，中文名稱為K近鄰算法。
- **KNN通常用於分類問題**，其中每個樣本都被分配到最接近的K個樣本中最常見的類別。KNN的基本思想是**通過將新樣本與現有樣本進行比較，找到最接近的K個樣本**。然後，KNN會使用這些**最接近的鄰居來進行預測**。

*k*近鄰演算法例子：
測試樣本（綠色圓形）應歸入要麼是第一類的藍色方形或是第二類的紅色三角形。如果k=3（實線圓圈）它被分配給第二類，因為有2個三角形和只有1個正方形在內側圓圈之內。如果k=5（虛線圓圈）它被分配到第一類（3個正方形與2個三角形在外側圓圈之內）。

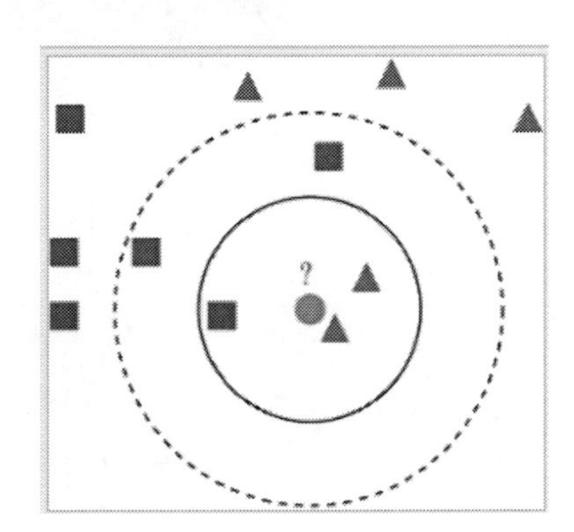

資料來源：維基百科

何謂機器學習KNN近鄰演算法?

資料來源：https：//www.youtube.com/watch?v=B-eXI_SD7w4

決策樹案例：烘烤披薩難吃與好吃

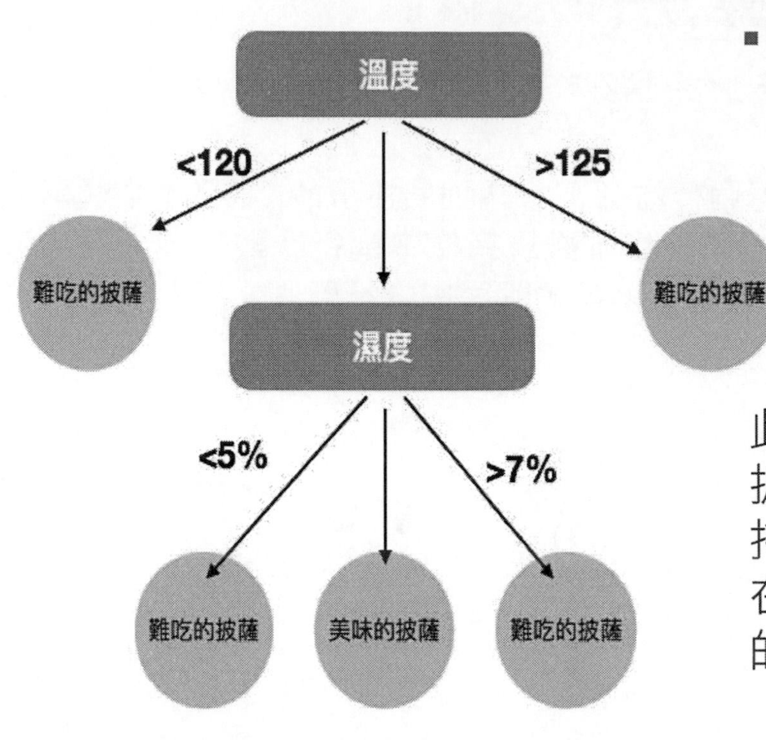

- 機器學習特徵欄位
  - 溫度
  - 濕度

此決策樹的知識模型：烘烤披薩的過程中，只要溫度維持在120–125度，濕度維持在5%-7%，就會是一個美味的披薩。

資料來源：Yeh James, 2017, https：//medium.com/jameslearningnote/

機器學習演算法：決策樹(Decision Tree)

- 決策樹是一種監督式機器學習算法，可用於解決分類和回歸問題。它**基於樹狀結構**，一個決策樹包含三種類型的節點：
  - 決策節點：通常用矩形框來表示
  - 機會節點：通常用圓圈來表示
  - 終結點：通常用三角形來表示

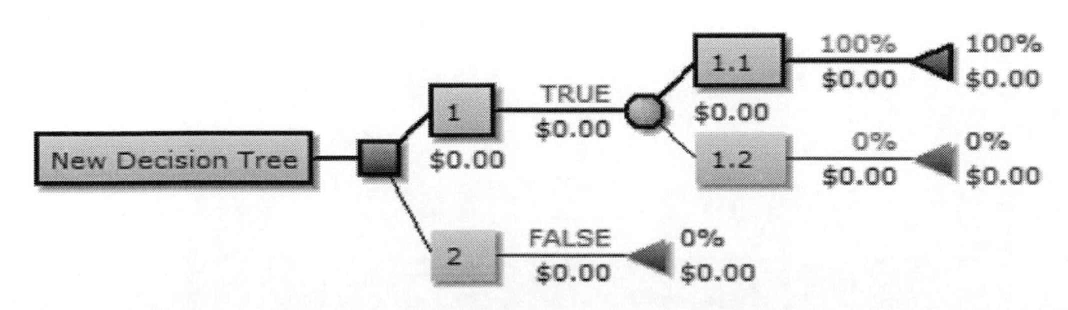

- 決策樹訓練過程涉及從訓練數據集中選擇最佳特徵進行切分，使得子樹中的樣本能夠被分類到同一類別或同一回歸值。選擇最佳特徵的標準是基於信息增益、基尼(Gini)指數或平方差等。

機器學習指令內建演算法：邏輯斯回歸 (Logistic Regression)

- Logistic Regression（LR）是一種監督式學習算法，用於解決二元分類問題或多元分類問題。它是一種線性分類器，用於估計因變量的概率。
- LR的核心思想是**基於線性迴歸**，但它將線性迴歸的輸出通過一個稱為Sigmoid函數的非線性函數進行轉換，將輸出限制在0和1之間，以表示分類的概率。
- 訓練LR模型涉及最大化訓練數據集的對數概率，通常使用最大似然估計進行實現。為了防止過度擬合，通常會在最大似然估計的目標函數中添加一個正則化項。
- 邏輯斯分布公式：

$$P(Y=1|X=x)=\frac{e^{x'\beta}}{1+e^{x'\beta}}.$$

其中參數β常用最大概似估計。

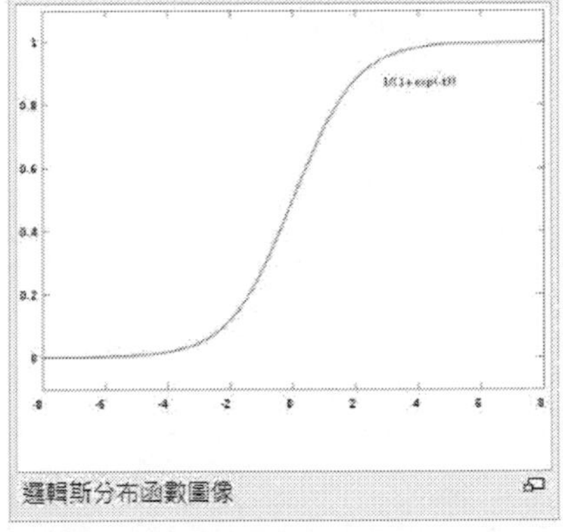

邏輯斯分布函數圖像

資料來源：維基百科

機器學習指令內建演算法：隨機森林(Random Forest)

- Random Forest（隨機森林）是一種集成學習方法，通常用於**解決監督式學習中的分類和回歸問題**。它基於決策樹算法，通過將多棵決策樹組合在一起來提高預測準確率和泛化能力。
- 隨機森林算法的核心思想是**在每次訓練決策樹時，從原始數據集中隨機選取一部分數據樣本和特徵樣本進行訓練**。這樣可以減少過度擬合的可能性，同時也提高了算法的效率和魯棒性。
- 隨機森林通常用於解決高維數據集的問題，並且可以處理具有複雜決策邊界的問題。此外，由於隨機森林可以提供每個特徵的重要性得分，因此它也可以用於特徵選擇。

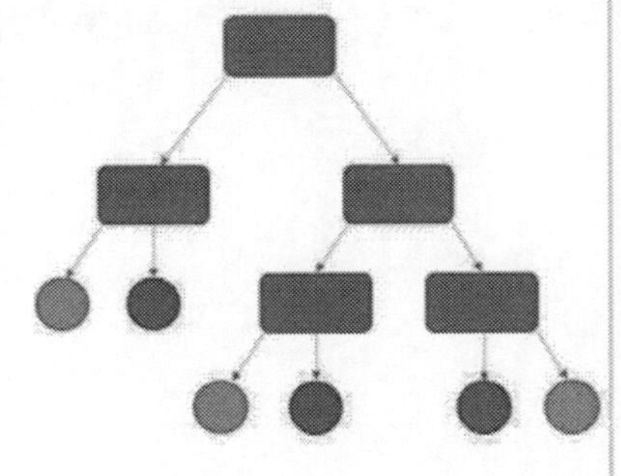

Decision Tree

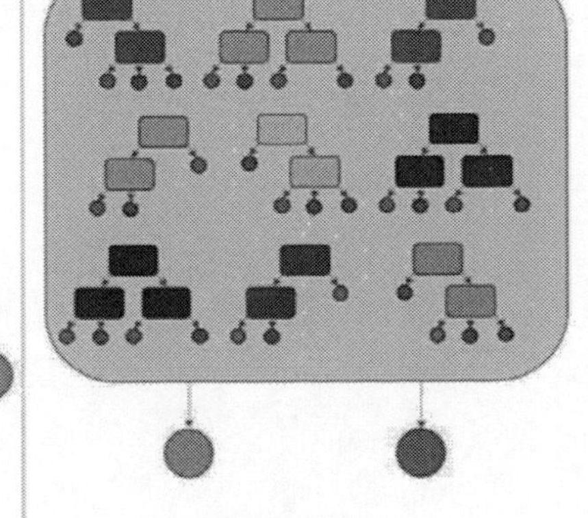

Random Forest

資料來源：維基百科

•File:Decision Tree vs. Random Forest.png

機器學習指令內建演算法：支持向量機(SVM)

- SVM（Support Vector Machine，支持向量機）是一種監督式學習算法，主要用於**解決二元分類問題和多元分類問題**。SVM的目標是**找到一個最優的超平面，可以將數據集分為兩類，並使分類邊界的邊際最大化**。
- 在SVM中，將每個數據點看作一個n維向量，其中n是特徵數。
- SVM的目標是**找到一個分類邊界（超平面），它可以將數據集分為兩類，並且離分類邊界最近的數據點到分類邊界的距離（稱為邊際）最大**。

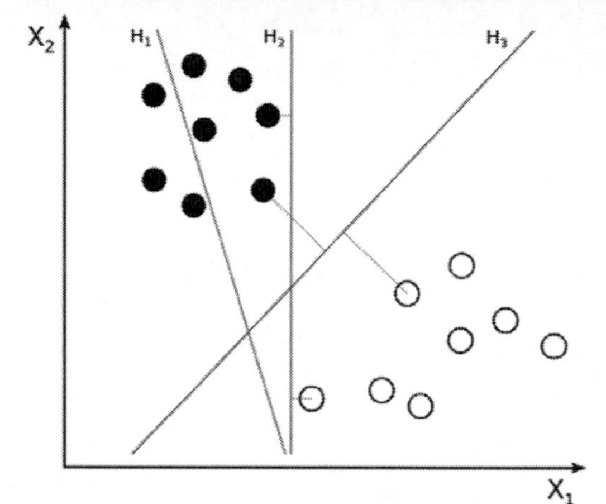

H1 不能把類別分開。
H2 可以，但只有很小的間隔。
H3 以最大間隔將它們分開。

•File:Svm separating hyperplanes (SVG).svg

資料來源：維基百科

學習歷程設定(Pipeline)

- 此階段讓您可以設定**資料預處理**相關方式，提供機器學習的效果。

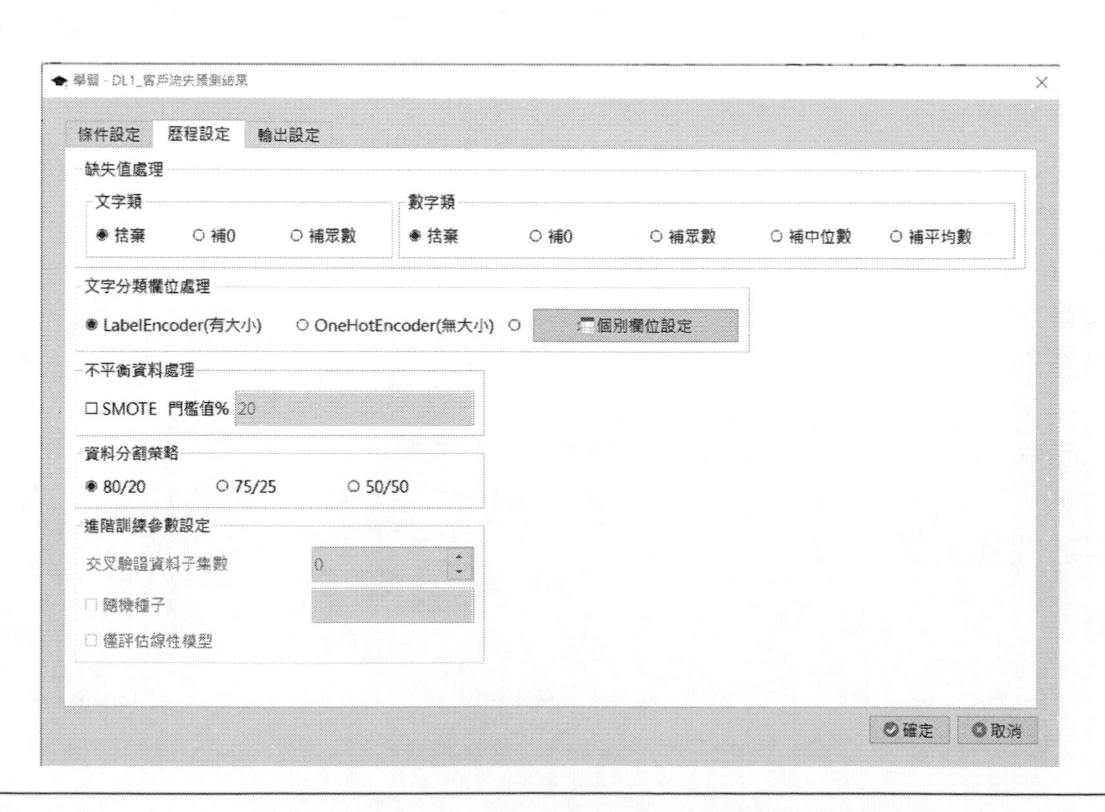

缺失值處理

- 機器學習首要的步驟是**定義問題**，當確定目標與方向後即可開始搜集資料。資料的乾淨程度會影響到後續機器學習的效果。
- 現實生活中的資料庫當中的資料可能會有缺失值，例如：NA、NaN、NULL。
  - NA：表示**缺失值**，是 Not Available 的縮寫。
  - NaN：表示**非數值**，是 Not a Number 的縮寫。
  - NULL：表示**空值**，即沒有內容。
- JCAATs 提供文字類與數值類欄位不同的補值或捨棄的方式，可以於機器學習前先直接處理缺失值問題。
  - **文字欄位**：可以補0或補眾數。
  - **數值欄位**：可以補0或補眾數或中位數或平均數。

文字分類欄位預處理

- 機器學習演算法的資料預處理階段會將所有學習對象的欄位值均轉換成**二元數值型資料**， 因此文字類型資料(或稱標籤類的資料)的轉換方式就會影響到機器學習的效果。處理的方式有**LabelEncoder**與**OneHotEncoder**二種。
- LabelEncoder：

適合**有序型的類別型資料**，如衣服大小(S,M,L)這種類別之間其實是有程度差異的資料，此為JCAATs預設初始狀態。

- OneHotEncoder：

適用在**無序型的類別型資料**，如性別、國家等。
使用此方式時，系統會轉化將一類資料新增為一個欄位，來進行機器學習。

範例說明：

原始資料表

	地區	天氣	溫度
0	A	windy	25
1	B	sunny	30
2	B	cloudy	18

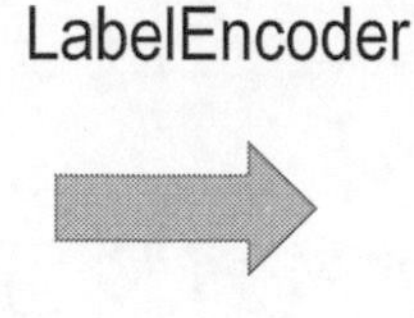

數值傳換後資料表

	地區	天氣	溫度
0	0	2	25
1	1	1	30
2	1	0	18

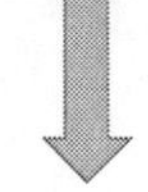

數值傳換後資料表

	地區_A	地區_B	天氣_cloudy	天氣_sunny	天氣_windy	溫度
0	1	0	0	0	1	25
1	0	1	0	1	0	30
2	0	1	1	0	0	18

地區、天氣欄位無大小之分，使用 OneHotEncoder 方式; 溫度欄位因有大小仍用 LabelEncoder 方式

不平衡(不對稱)資料處理

- 在進行分類問題時，可能會碰到資料不平衡(不對稱)的問題。人們往往會透過模型想要找到數據中較為少數的那部分，如：信用卡盜刷紀錄、垃圾郵件識別等。當數據出現不平衡時，若模型在測試資料集中皆預測為人數較多的那個類別時，雖然可以達到較高的準確率，但並不代表此模型能夠準確幫助分類，因此在資料內數量比例超過1：4時，就建議在分析前將資料不平衡的問題納入考量。

- **SMOTE(Synthetic Minority Over-sampling Technique)** 合成少數過採樣方法：是常用來解決不平衡資料機器學習的有效方法。

個案欄位機器學習前資料效度分析

- 初步分析，訓練目標「用戶流失（Churn）」欄位內容**有趨近不平衡狀態**，在機器學習過程中需要考慮是否進行不平衡資料處裡。
- 其它特徵欄位的資料均可以適當的進行分類，且分類狀況無大小順序之分，可以當成機器學習的特徵欄位。所以應使用**OneHotEncoder**方式來正規化文字欄位。
- 各特徵欄位資料內容完整，並無遺漏值問題。
- 由於有些分類的資料比率差異過大，資料分割可以採取**較保守的80/20**，讓學習可以有更多的學習機會。

測試幾種不同機器學習路徑找出最佳者

- 經由資料欄位初步分析， 本演練將採取[**用戶決策模式**]的策略，以決策樹演算法為機器學習模式的演算法，來進行機器學習，由於用戶流失（Churn）欄位資料有不平衡現象，因此擬定下面得學習路徑進行學習：
  1. 機器學習1： OneHotCode+80/20 資料分割
  2. 機器學習2： OneHotCode+SMOTE+80/20資料分割
- 機器學習後，將比較各學習路徑學習結果的評估指標，選擇較佳者來進行**預測**。

| AI Audit Expert

上機演練二_1:
電信業客戶流失
機器學習預測分析：

決策樹 (Decision Tree)機器學習：
OneHotCode+80/20 資料分割

學習指令條件設定：

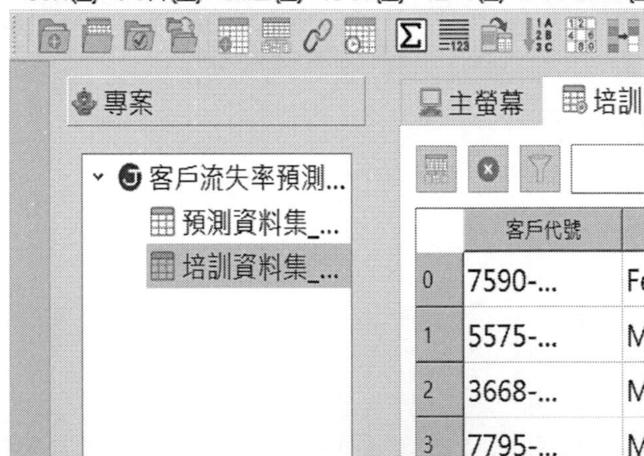

1.開啟：

「**培訓資料集_電信客戶流失**」資料表

2.從Meun Bar 選取機器學習

3.選取**學習(Train) 指令**

學習指令條件設定：

1.點選設定訓練目標：
Churn (用戶流失)
2.並將模型評估選為：
Decision Tree
3. 點選訓練對象：
(1)性別、
(2)高齡人士、
(3)電話服務、
(4)網路服務、
(5)電子帳單、
(6)付款方式
成為要訓練的特徵欄位。

學習歷程設定：

機器學習→學習→歷程設定

1.缺失值處裡：
捨棄
2.文字分類欄位處理：
OneHotEncoder
(無大小順序)
3.不平衡資料處理：
不勾選
**4.資料分割策略：
80/20**

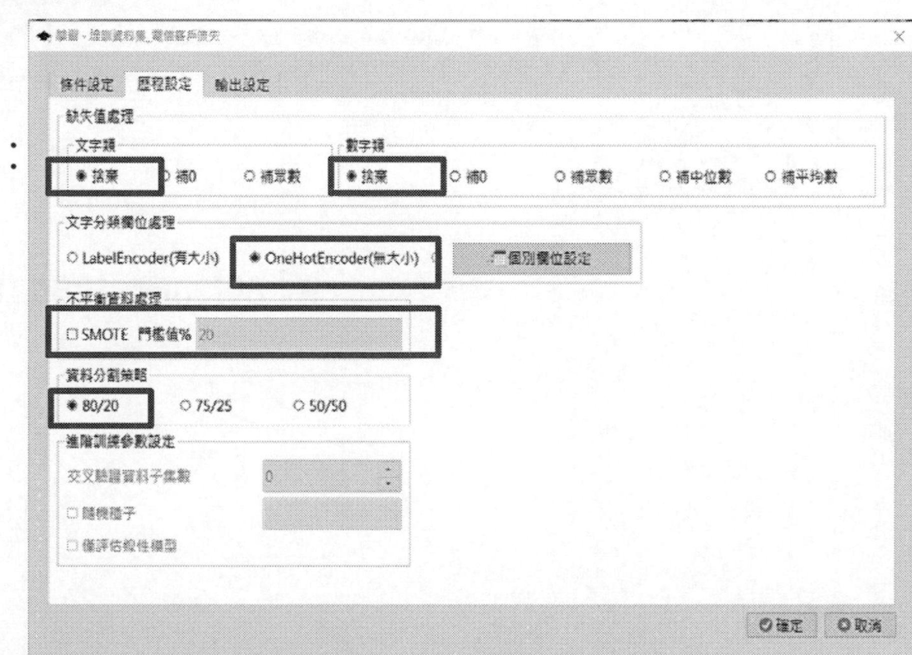

*JCAATs 特別提供學習歷程，讓使用者可以充分了解學習的歷程後容易分析與解釋學習後的成果。

訓練指令輸出設定：

此指令僅能輸出到「模組」

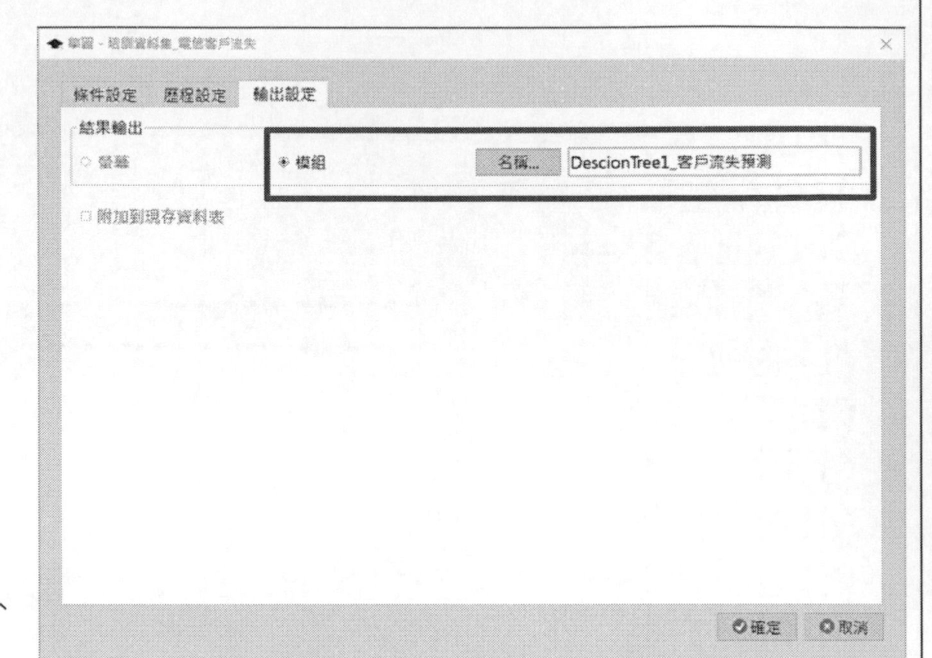

2. 輸入模組名稱：**DescionTree1_客戶流失預測**
3.點選**確定**。

此指令會輸出三個結果資料表：
1) 彙總報告 SummaryReport、
2) 績效指標 PerformanceMetric、
3) 混沌矩陣 ConfusionMatrix，

學習結果產出：

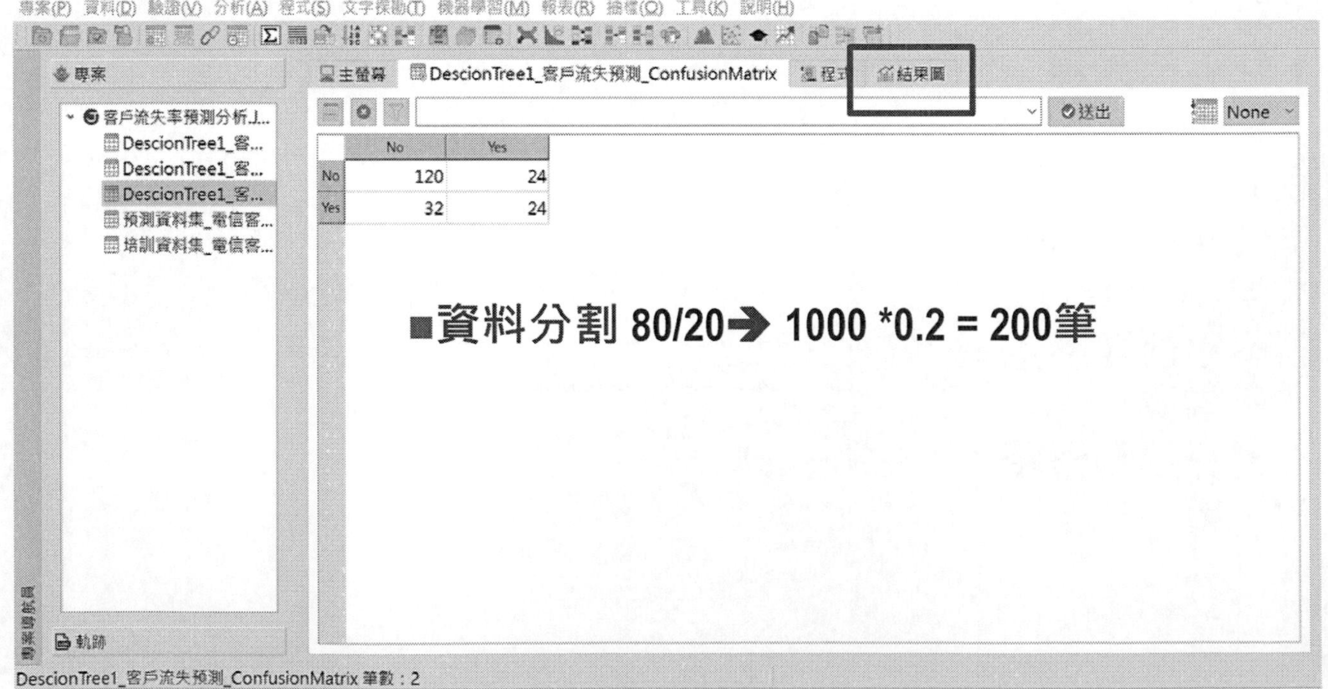

	No	Yes
No	120	24
Yes	32	24

■資料分割 80/20➔ 1000 *0.2 = 200筆

解讀第一張結果表[DescionTree1_客戶流失預測_ConfusionMatrix混沌矩陣，顯示各象限筆數資料。

學習結果產出：

- 從混沌矩陣資料表及結果圖可看出本次學習結果：
  - TP = 120
  - FP = 24
  - FN = 32
  - TN = 24
- 預測與實際結果相同的有 ：144筆(120+24)
- 而預測結果與實際結果不相同的有56筆(32+24)
- 總共有200筆(120+24+32+24)

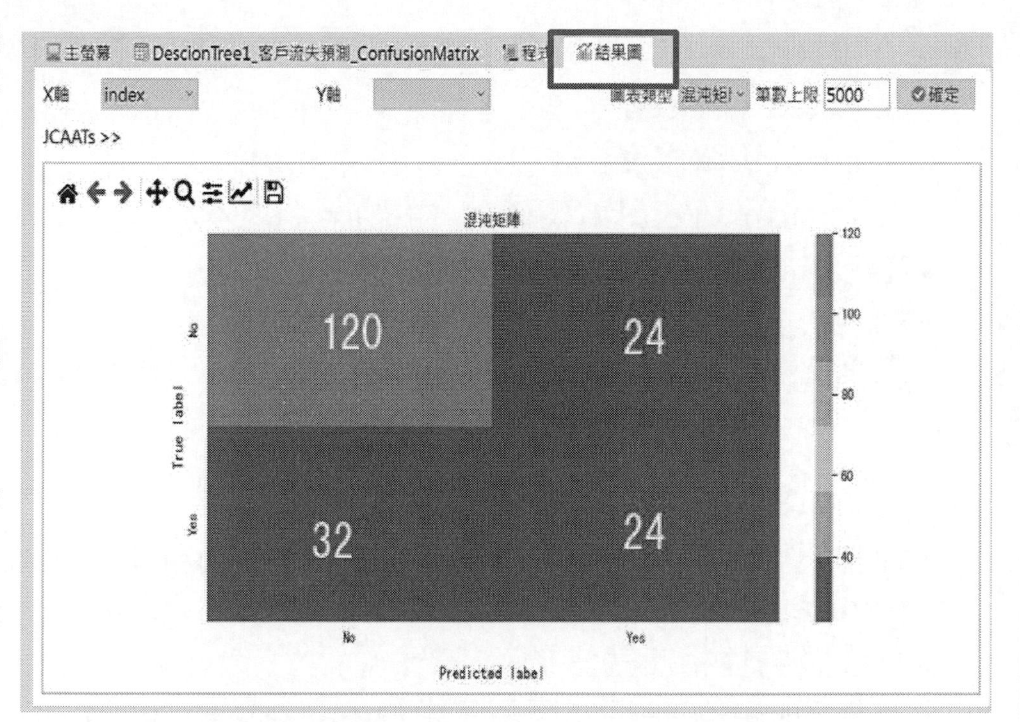

點選[結果圖]頁籤則可覽圖形化的混沌矩陣。

學習結果產出：

解讀第二張結果表： PerformanceMetric 績效指標相關指標

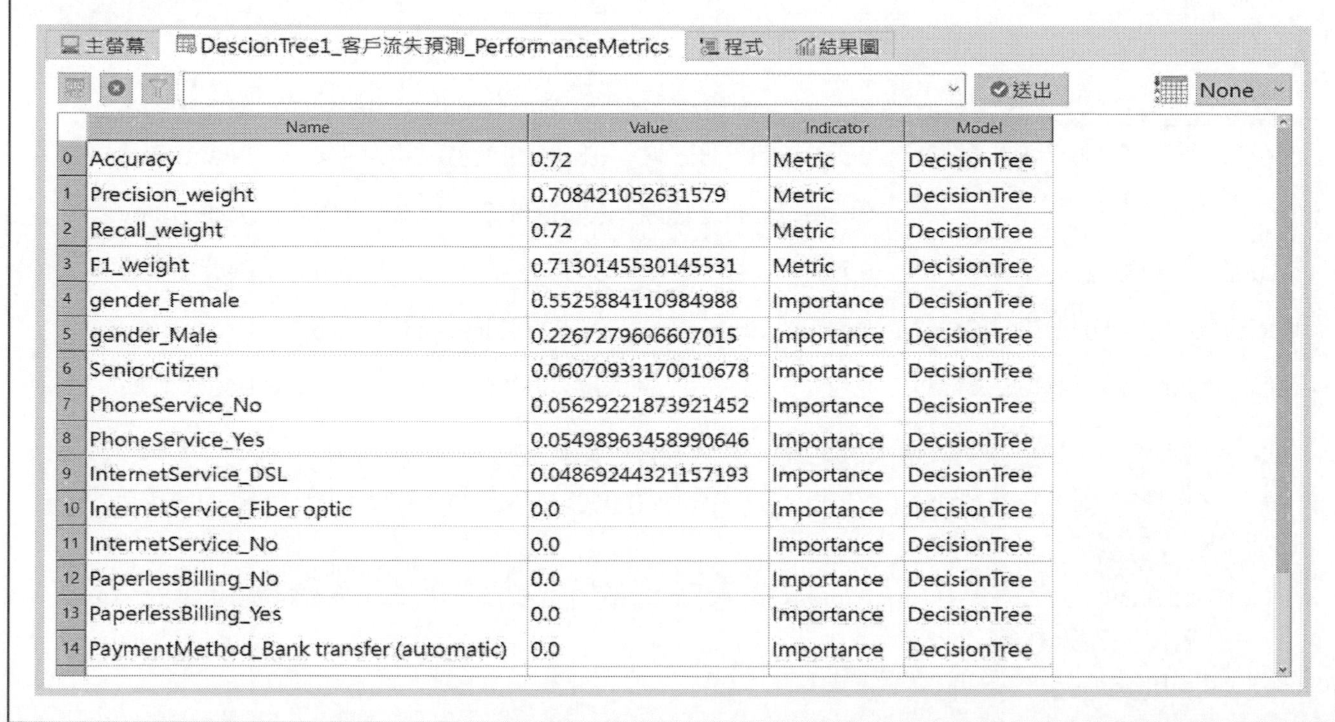
主螢幕 | DescionTree1_客戶流失預測_PerformanceMetrics | 程式 | 結果圖

送出 None

	Name	Value	Indicator	Model
0	Accuracy	0.72	Metric	DecisionTree
1	Precision_weight	0.708421052631579	Metric	DecisionTree
2	Recall_weight	0.72	Metric	DecisionTree
3	F1_weight	0.7130145530145531	Metric	DecisionTree
4	gender_Female	0.5525884110984988	Importance	DecisionTree
5	gender_Male	0.2267279606607015	Importance	DecisionTree
6	SeniorCitizen	0.06070933170010678	Importance	DecisionTree
7	PhoneService_No	0.05629221873921452	Importance	DecisionTree
8	PhoneService_Yes	0.05498963458990646	Importance	DecisionTree
9	InternetService_DSL	0.04869244321157193	Importance	DecisionTree
10	InternetService_Fiber optic	0.0	Importance	DecisionTree
11	InternetService_No	0.0	Importance	DecisionTree
12	PaperlessBilling_No	0.0	Importance	DecisionTree
13	PaperlessBilling_Yes	0.0	Importance	DecisionTree
14	PaymentMethod_Bank transfer (automatic)	0.0	Importance	DecisionTree

Performance Metric結果說明

- 從Metric(指標)可以看到機器學習效果，整體效果70.84%以上可以被正確預測。
  - **Accuracy(準確度) = 72%**
  - **Precision_Weight(精確度_權重) = 70.84%**
  - **Recall_Weight(召回率_權重)=72%**
  - **F1_Weight = 71.30%**
    F1等效於評價precision和recall的整體效果，表示71.30%的預測效果

- Importance可以看出重要特徵欄位是哪些
  - **從結果可以看到重要程度最高的是： gender_Female (女性)、gender_Male(男性)分別佔了55.25%及22.67%**
  - 女性及男性相加就佔了77.92%
  - 有幾個特徵如是否使用電子帳單(PaperlessBilling)=0.0 表示其對客戶是否續約並無影響

學習結果產出：

解讀第三張結果表SummaryReport 彙總報告。

	index	precision	recall	f1-score	support	model
0	0	0.7894736842105263	0.8333333333333334	0.8108108108108109	144.0	DecisionTree
1	1	0.5	0.42857142857142855	0.4615384615384615	56.0	DecisionTree
2	accuracy	0.72	0.72	0.72	0.72	DecisionTree
3	macro avg	0.6447368421052632	0.6309523809523809	0.6361746361746362	200.0	DecisionTree
4	weighted avg	0.708421052631579	0.72	0.7130145530145531	200.0	DecisionTree

- 分類資料字母順序排列， 所以 0 表示 No, 1表示 Yes.
- No (0)分類， 精確度 0.7894， 召回率0.833, F1 0.811 顯示當學習 No時有不錯的效果
- macro avg：每個類別評估指標未加權的平均值，比如準確率的 macro avg，(0.78+0.5)/2=0.64
- weighted avg：為加權平均值0.708

上機演練二_2：客戶流失機器學習預測分析：

決策樹 (Decision Tree)機器學習 2：
OneHotCode+SMOTE+80/20 資料分割

學習指令條件設定：

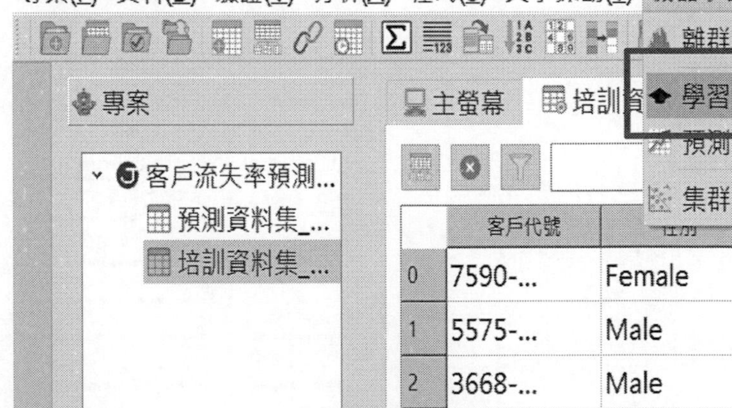

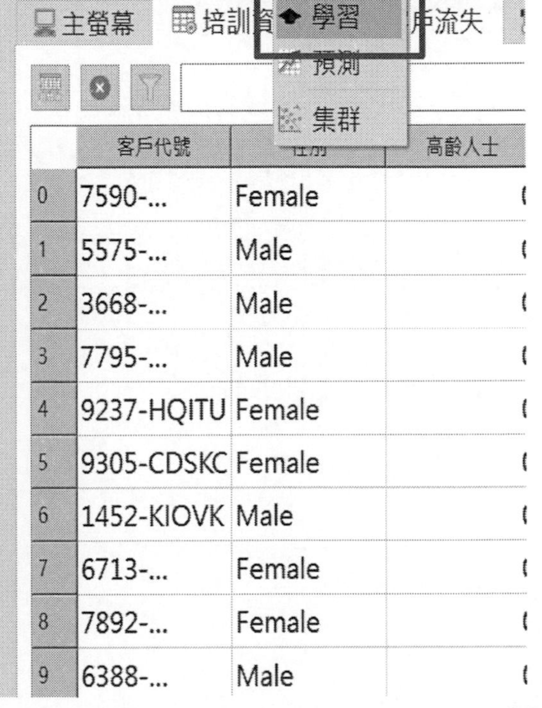

客戶代號
高齡人士
0 7590-... Female
1 5575-... Male
2 3668-... Male
3 7795-... Male
4 9237-HQITU Female
5 9305-CDSKC Female
6 1452-KIOVK Male
7 6713-... Female
8 7892-... Female
9 6388-... Male

1.開啟：
「**培訓資料集_電信客戶流失**」資料表
2.從Meun Bar選取機器學習
3.再選取**學習(Train)指令**

學習指令條件設定：

1.點選設定訓練目標：
 Churn (用戶流失)
2.並將模型評估選為：
 Decision Tree
3. 點選訓練對象：
 (1)性別、
 (2)高齡人士、
 (3)電話服務、
 (4)網路服務、
 (5)電子帳單、
 (6)付款方式
 成為要訓練的特徵欄位。

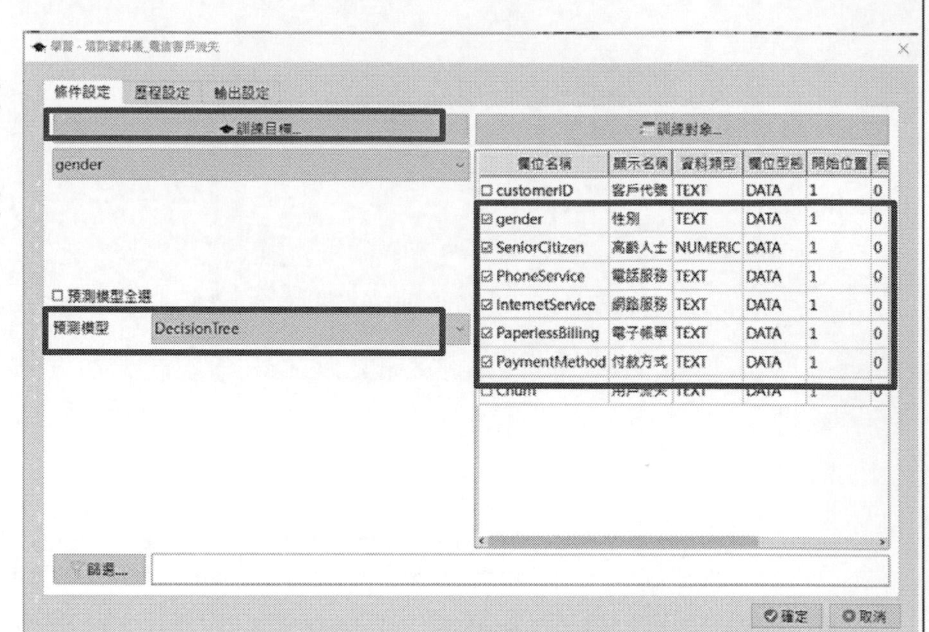

學習歷程設定：

1.缺失值處裡：
 捨棄
2.文字分類欄位處理：
 OneHotEncoder
 (無大小順序)
3.不平衡資料處理：
 勾選 輸入35
4.資料分割策略：
80/20

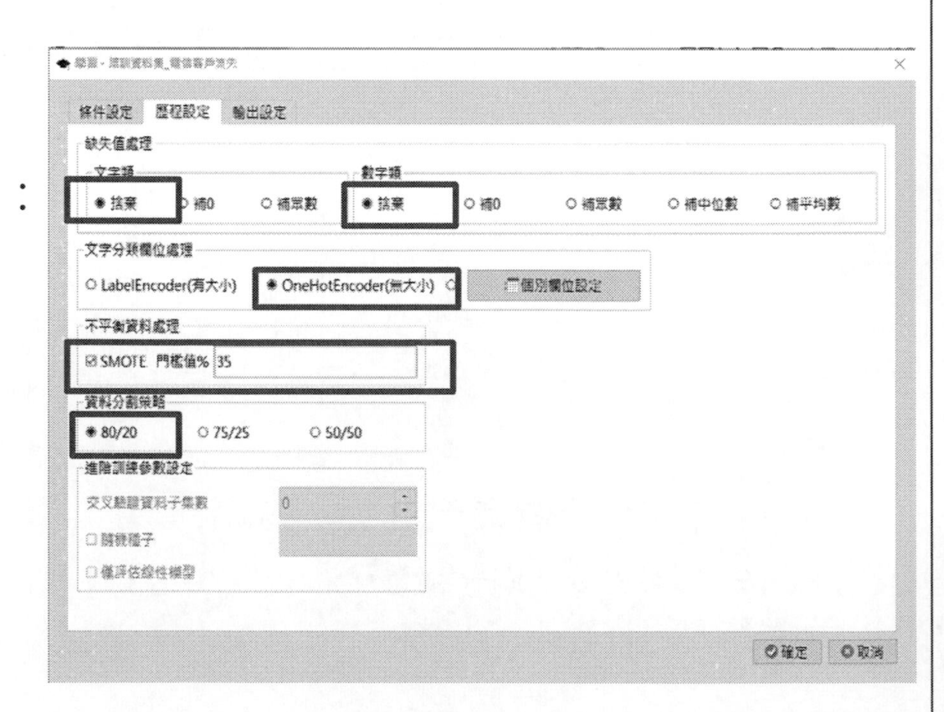

學習結果輸出設定：

此指令僅能輸出到「模組」

2. 輸入模組名稱：**DescionTree2_客戶流失預測**
3.點選**確定**。

此指令會輸出三個結果資料表：
1) 彙總報告 SummaryReport、
2) 績效指標 PerformanceMetric、
3) 混沌矩陣 ConfusionMatrix，

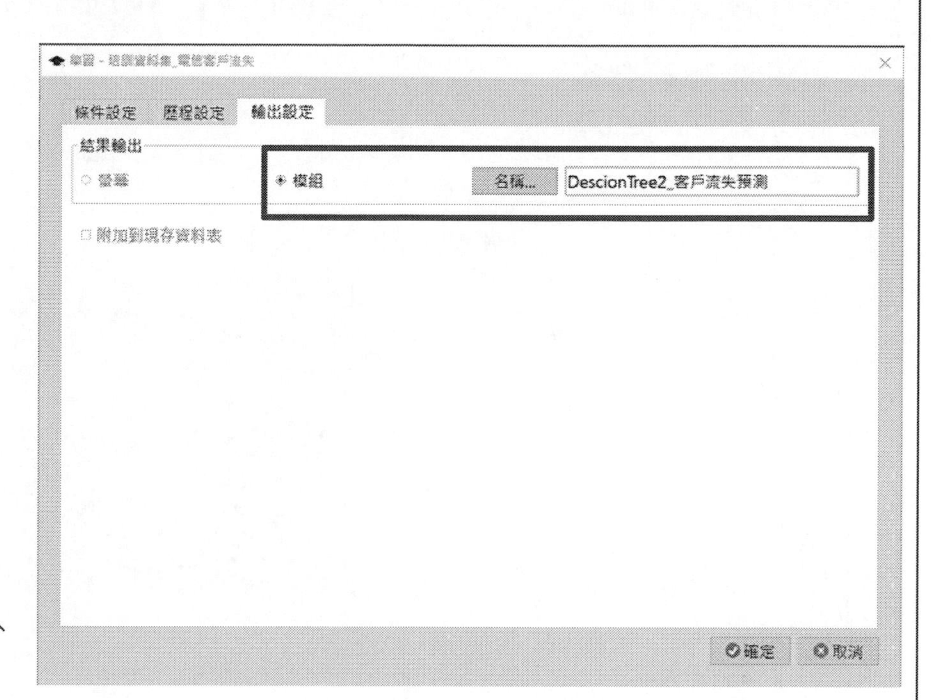

學習結果檢視：

第一張結果表ConfusionMatrix混沌矩陣

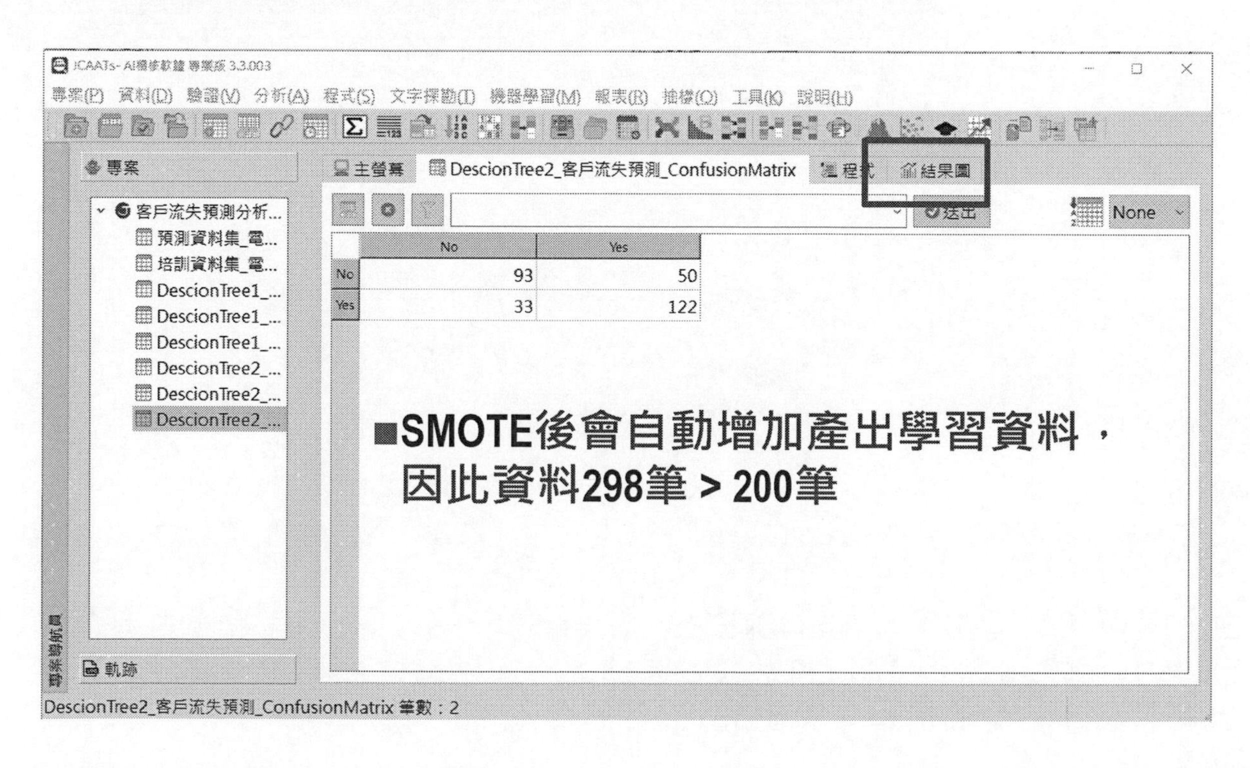

	No	Yes
No	93	50
Yes	33	122

■**SMOTE後會自動增加產出學習資料，因此資料298筆 > 200筆**

學習結果檢視：

點選[結果圖]頁籤則可覽圖形化的混沌矩陣。

- 從混沌矩陣資料表及結果圖可看出本次學習結果：
  - TP = 93
  - FP = 50
  - FN = 33
  - TN = 122
- 預測與實際結果相同的有 215筆 (93+122)
- 而預測結果與實際結果不相同的有83筆(33+50)
- 00 *0.2 = 200筆

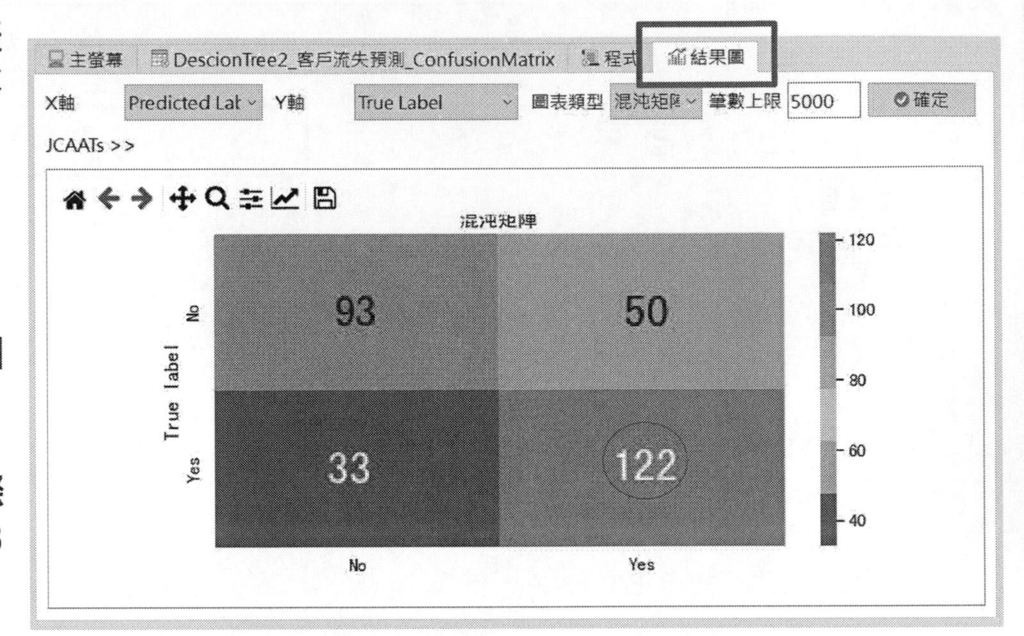

可以看出使用SMOTE後，資料在Yes 的 預測有大幅度的提升

決策樹機器學習不同學習路徑比較

評估指標	HotEncoder+80/20	HotEncoder+SMOTE+80/20
Accuracy	0.720	0.7214765100671141
Precision	0.708421052631579	0.7231190587675682
Recall	0.72	0.7214765100671141
F1	0.7130145530145531	0.7199154891772296
No	0.7894736842105263	0.7380952380952381
Yes	0.5	0.7093023255813954
Macro Avg	0.6447368421052632	0.7236987818383167
Weighted Avg	0.708421052631579	0.7231190587675682
驗證時筆數	200	298

- 由上表可知學習路徑增加SMOTE後，在Yes的學習效果上有顯著的增加，由 0.5 提 升 到 0.70 ，但在No的學習效果則下降。整體而言，第一次學習的效果比第二次好，但若是預測時對於Yes若是較為高風險，則第二次學習的方法較佳。

客戶流失率預測：預測(Predit)

1.開啟：
「預測資料集_電信客戶」資料表
2.從Meun Bar
選取機器學習
3.選取**預測**
(Predict)指令

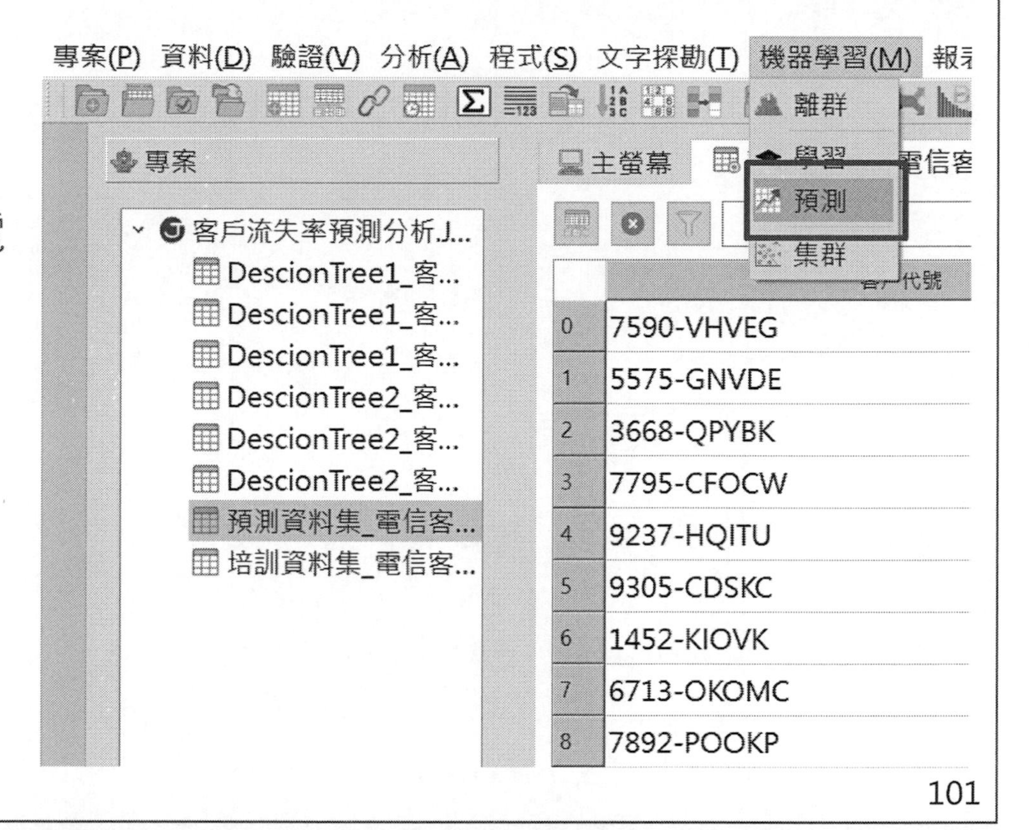

預測(Predit)指令條件設定：

1.預測模型檔：
選取具有* .jkm副檔名的檔案
DescionTree2_客戶流失預測.jkm
知識模型。

2.顯示欄位：**全選**

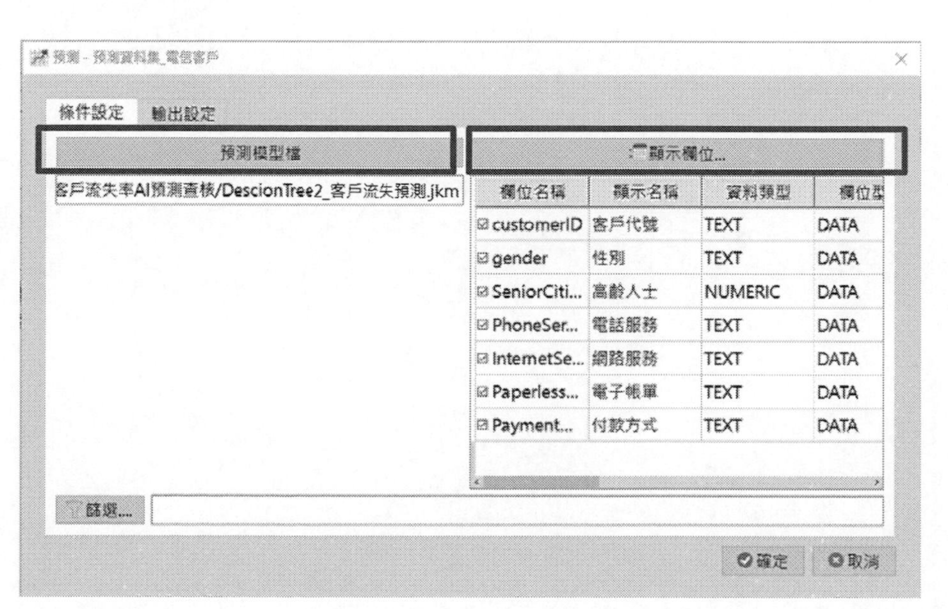

預測(Predit)輸出設定

機器學習→預測→條件設定

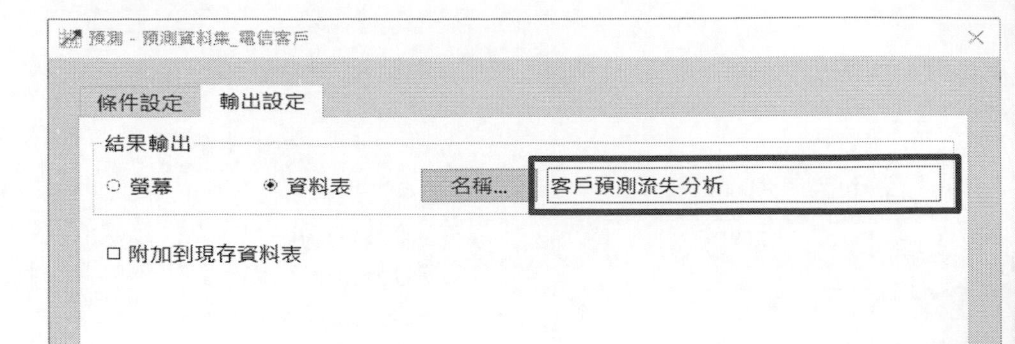

1.結果輸出：**資料表**

2.輸入資料表名稱：**客戶預測流失分析**

3.點選**確定**，JCAATs會自動執行預測。

預測(Predit)結果檢視

開啟資料表，此時在表格會新增有Predict_ Churn (預測值) 和Probability (可能性)二欄位。

分析預測結果：Classify(分類)

1.分類：
Predict_ Churn

2. 點選**確定**，輸出至螢幕察看結果

3.點選分類 **"Yes"** ，
查看預測流失人員明細，來擬訂對策

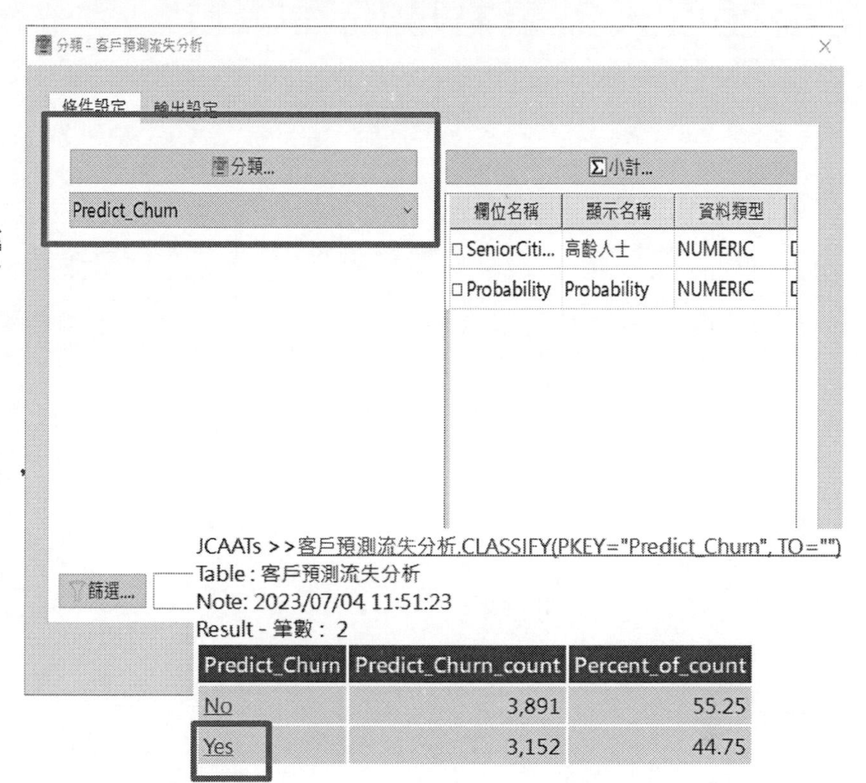

JCAATs-AI Audit Software
Copyright © 2023 JACKSOFT.

往下點選取得預測結果明細資料：

針對明細資料作為後續行動方案進行參考

		電話服務	網路服務	電子帳單	付款方式	客戶代號	Predict_Churn	Probability
0	0	No	DSL	Yes	Electronic ...	7590-...	Yes	0.64
4	0	Yes	Fiber optic	Yes	Electronic ...	9237-...	Yes	0.78
5	0	Yes	Fiber optic	Yes	Electronic ...	9305-...	Yes	0.78
8	0	Yes	Fiber optic	Yes	Electronic ...	7892-...	Yes	0.78
13	0	Yes	Fiber optic	Yes	Bank ...	0280-...	Yes	0.54
14	0	Yes	Fiber optic	Yes	Electronic ...	5129-JLPIS	Yes	0.78
17	0	Yes	Fiber optic	No	Bank ...	9959-...	Yes	0.54
19	0	Yes	Fiber optic	Yes	Electronic ...	4183-...	Yes	0.78
20	1	No	DSL	Yes	Electronic ...	8779-...	Yes	0.64
26	0	Yes	Fiber optic	Yes	Electronic ...	6467-...	Yes	0.78
27	0	No	DSL	No	Electronic ...	8665-...	Yes	0.64
35	0	Yes	Fiber optic	No	Bank ...	6234-...	Yes	0.54
36	0	Yes	Fiber optic	Yes	Electronic ...	6047-YHPVI	Yes	0.78

資料萃取(Extract)：

將可能流失名單萃取成為報表

完成報表：高風險流失客戶預測清單

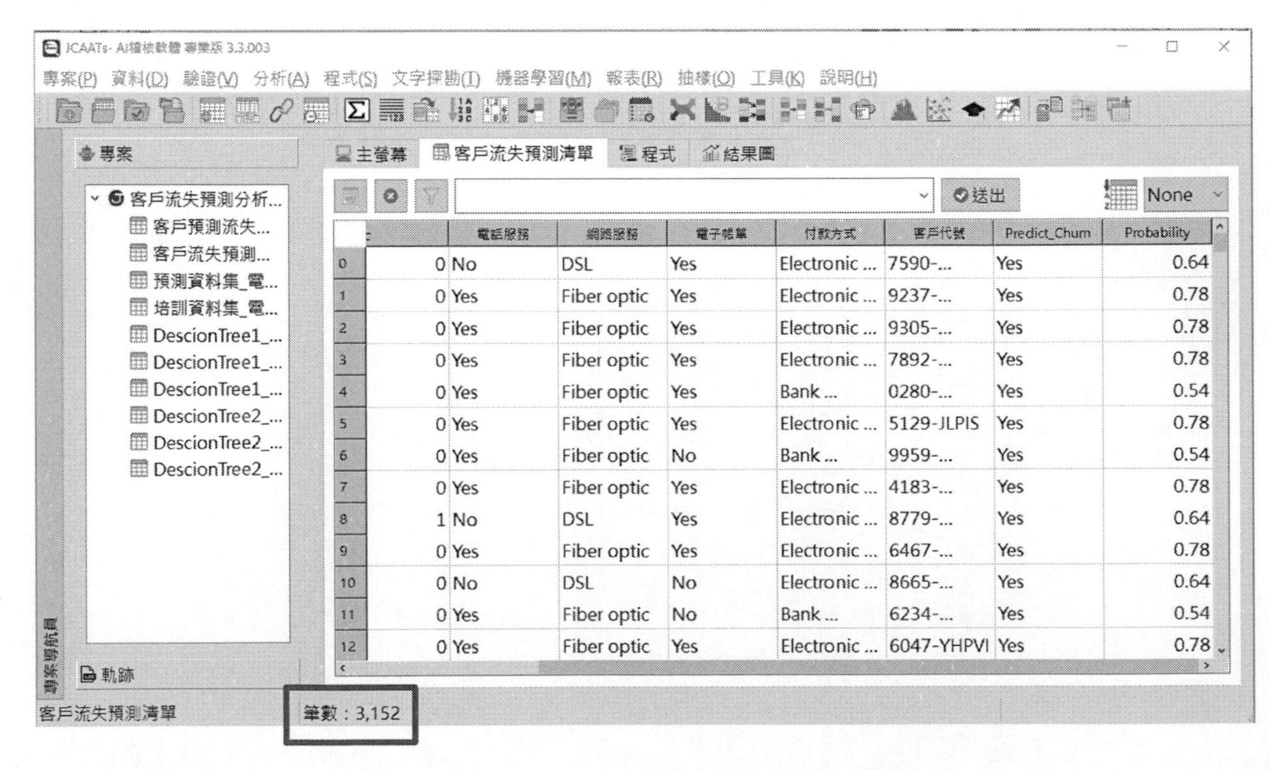

		電話服務	網路服務	電子帳單	付款方式	客戶代號	Predict_Churn	Probability
0	0	No	DSL	Yes	Electronic ...	7590-...	Yes	0.64
1	0	Yes	Fiber optic	Yes	Electronic ...	9237-...	Yes	0.78
2	0	Yes	Fiber optic	Yes	Electronic ...	9305-...	Yes	0.78
3	0	Yes	Fiber optic	Yes	Electronic ...	7892-...	Yes	0.78
4	0	Yes	Fiber optic	Yes	Bank ...	0280-...	Yes	0.54
5	0	Yes	Fiber optic	Yes	Electronic ...	5129-JLPIS	Yes	0.78
6	0	Yes	Fiber optic	No	Bank ...	9959-...	Yes	0.54
7	0	Yes	Fiber optic	Yes	Electronic ...	4183-...	Yes	0.78
8	1	No	DSL	Yes	Electronic ...	8779-...	Yes	0.64
9	0	Yes	Fiber optic	Yes	Electronic ...	6467-...	Yes	0.78
10	0	No	DSL	No	Electronic ...	8665-...	Yes	0.64
11	0	Yes	Fiber optic	No	Bank ...	6234-...	Yes	0.54
12	0	Yes	Fiber optic	Yes	Electronic ...	6047-YHPVI	Yes	0.78

實務案例情境分析：行員挪用客戶帳戶風險分析

參考金管會發布理專十誡規定
進行行員盜用客戶帳戶風險AI預測查核

查核目標說明

原始歷史資料有一標籤欄位列出風險高、中、低等級，查核目標為利用學習(Train)多元分類學習功能，使用KNN近鄰演算法學習這些找出歷史資料來找出風險分類預測模式，並進而對高風險的行員與客戶往來交易(客戶特徵，分行，行員等)案件，分析其潛在影響之重大性，以深入查核提早找出有問題的徵兆等。

理專A錢 金管會擬究責高層

工商時報 魏喬怡 2022.03.21

銀行理專A錢盜領客戶錢案件層出不窮，金管會主委黃天牧21
範」專案報告，報告顯示，金管會為精進監理將從「建立誠信
手。

金管會表示，將參考歐美國家制度來精進高階經理人問責機制

儘管金管會已祭出理專十誡、理專十誡2.0，但近五年理專盜領
年裁罰四件、罰鍰金額為1,900萬元；2018年兩件、罰鍰1,00
7,200萬元；2021年四件，合計罰鍰達5,000萬元。

金管會報告顯示，目前金管會從公司治理來下手，除要求更嚴
責，督導子公司建立內部控制及稽核制度並確實執行，違反法
善盡管理義務，將予導正，並對該公司應負責之人予以課責。

疑似理財專員挪用客戶款項之態樣

本會110.4.29第13屆第13次理監事聯席會議通過，金管會110.7.26金管銀外字第1100211711號函同意備查

壹、說明：

一、銀行應參考下列態樣，並依本身業務特性及風險，選擇或自行發展契合銀行本身之態樣，以辨識出可能為理財專員挪用客戶款項之情形。

二、銀行對於符合理財專員挪用客戶款項態樣之行為或交易，應指定獨立單位或人員進行調查，並得由督導該理財專員之單位或主管先行協助提供、檢視相關資料，或現場觀察是否異常，或進行訪談。

如屬需現場發現或舉報之態樣，由督導該理財專員之單位或主管先行瞭解判斷，顯有異常時應通知獨立單位或人員進行調查。

所稱獨立單位或人員，係指獨立於理財專員業績以外之總行單位或人員，該等人員每年應接受相關訓練。

銀行法令遵循單位、防制洗錢及打擊資恐專責單位或風險控管單位，應負責督導前述相關調查程序之規劃、管理及執行，並負相關督導責任。

貳、參考態樣：

一、資金往來類

(一)理財專員與其所屬客戶間有私人借貸關係者。

(二)理財專員與其所屬客戶帳戶間有資金往來者。

(三)理財專員所屬客戶單筆或於一定期間自帳戶轉出至非本人帳戶或提領現金達一定金額以上者。

(四)同一理財專員所屬不同客戶於一定期間轉帳或匯款至自行或他行同一受款人姓名或同一帳號，且達一定金額以上者。

(五)理財專員及其所屬客戶單筆或於一定期間之轉帳交易（排除繳費、自動扣款等無疑慮交易），有轉入本行帳號皆相同之情事，且達一定金額以上者。

(六)理財專員所屬客戶帳戶與本行第三人帳戶間單筆或於一定期間之資金往來達一定金額以上，且前述本行第三人帳戶與理財專員間單筆或於一定期間之資金往來亦達一定金額以上者。

二、關聯帳戶類

(一)同一理財專員所屬不同客戶留有相同手機號碼、通訊地址、電子郵件信箱，且於一定期間與銀行往來資產總額(AUM)減少達一定比例或一定金額者。

資料來源：工商時報 魏喬怡 2022.03.21

資料來源：中華民國銀行商業同業公會全國聯合會 2021/08/31全富字第1101000646號函發布

行員挪用客戶帳戶AI預測查核專案

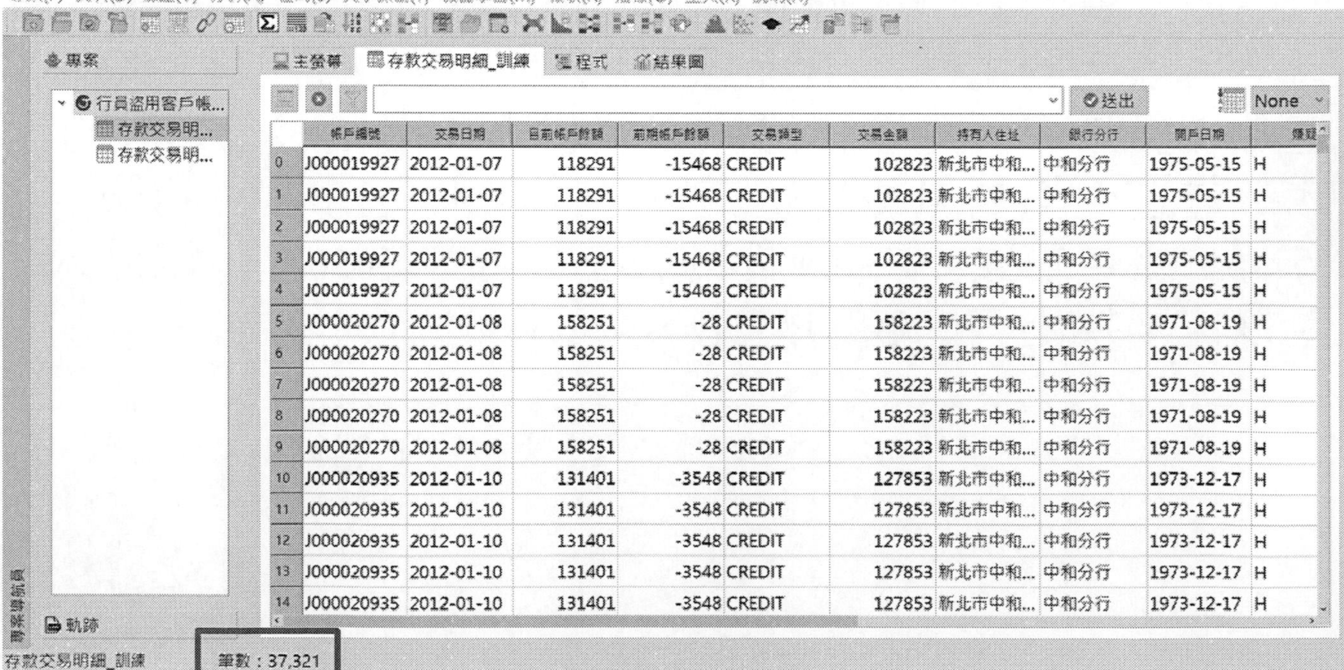

	帳戶編號	交易日期	目前帳戶餘額	前期帳戶餘額	交易類型	交易金額	持有人住址	銀行分行	開戶日期	[illegible]
0	J000019927	2012-01-07	118291	-15468	CREDIT	102823	新北市中和...	中和分行	1975-05-15	H
1	J000019927	2012-01-07	118291	-15468	CREDIT	102823	新北市中和...	中和分行	1975-05-15	H
2	J000019927	2012-01-07	118291	-15468	CREDIT	102823	新北市中和...	中和分行	1975-05-15	H
3	J000019927	2012-01-07	118291	-15468	CREDIT	102823	新北市中和...	中和分行	1975-05-15	H
4	J000019927	2012-01-07	118291	-15468	CREDIT	102823	新北市中和...	中和分行	1975-05-15	H
5	J000020270	2012-01-08	158251	-28	CREDIT	158223	新北市中和...	中和分行	1971-08-19	H
6	J000020270	2012-01-08	158251	-28	CREDIT	158223	新北市中和...	中和分行	1971-08-19	H
7	J000020270	2012-01-08	158251	-28	CREDIT	158223	新北市中和...	中和分行	1971-08-19	H
8	J000020270	2012-01-08	158251	-28	CREDIT	158223	新北市中和...	中和分行	1971-08-19	H
9	J000020270	2012-01-08	158251	-28	CREDIT	158223	新北市中和...	中和分行	1971-08-19	H
10	J000020935	2012-01-10	131401	-3548	CREDIT	127853	新北市中和...	中和分行	1973-12-17	H
11	J000020935	2012-01-10	131401	-3548	CREDIT	127853	新北市中和...	中和分行	1973-12-17	H
12	J000020935	2012-01-10	131401	-3548	CREDIT	127853	新北市中和...	中和分行	1973-12-17	H
13	J000020935	2012-01-10	131401	-3548	CREDIT	127853	新北市中和...	中和分行	1973-12-17	H
14	J000020935	2012-01-10	131401	-3548	CREDIT	127853	新北市中和...	中和分行	1973-12-17	H

可以學習的資料筆數 37,321筆

資料欄位分類：

- 訓練目標欄位「嫌疑」，H(高)的佔樣本資料14.04%，L(低)則佔比28.91% ，M(中)的佔樣本資料57.05%

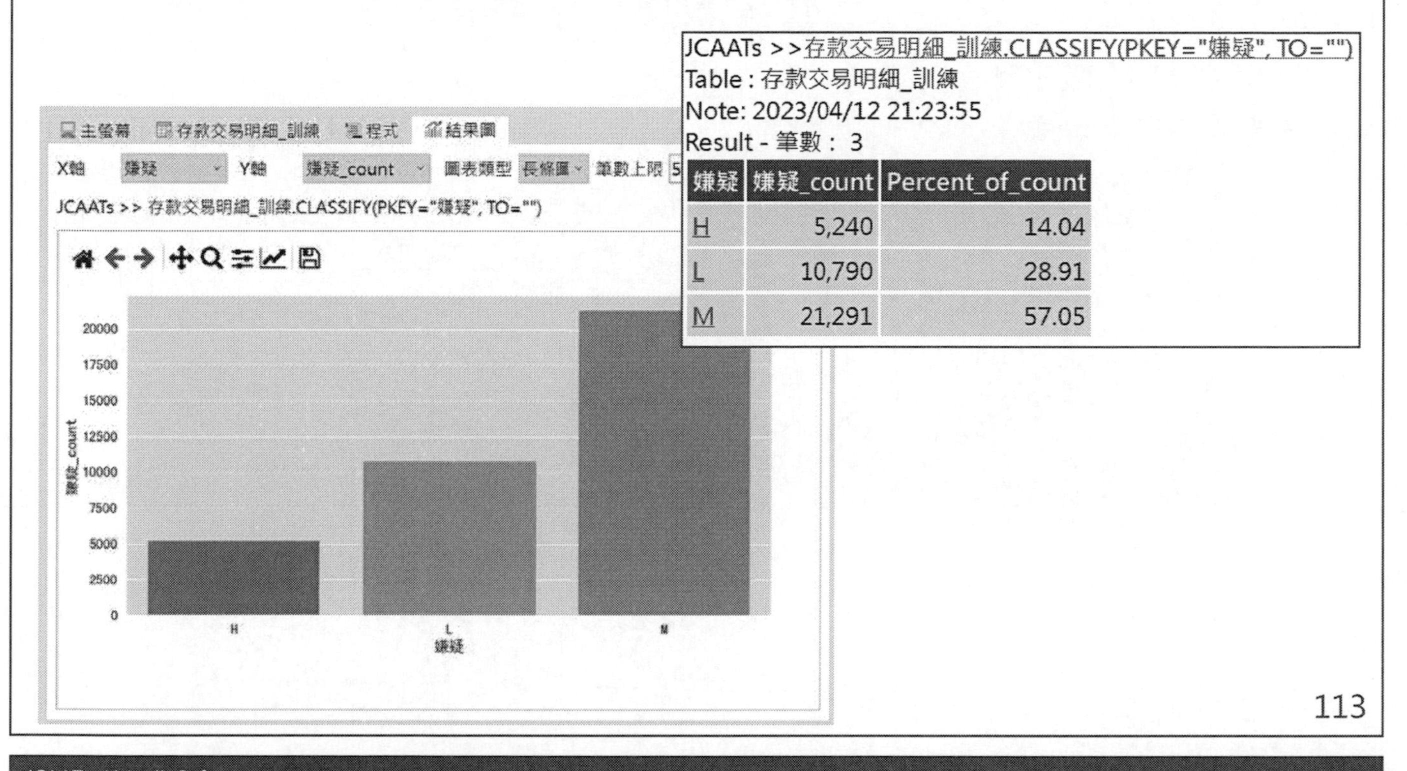

JCAATs >>存款交易明細_訓練.CLASSIFY(PKEY="嫌疑", TO="")
Table : 存款交易明細_訓練
Note: 2023/04/12 21:23:55
Result - 筆數： 3

嫌疑	嫌疑_count	Percent_of_count
H	5,240	14.04
L	10,790	28.91
M	21,291	57.05

資料欄位分類：

- 訓練對象欄位：員工姓名，使用CLASSIFY分類共有35類

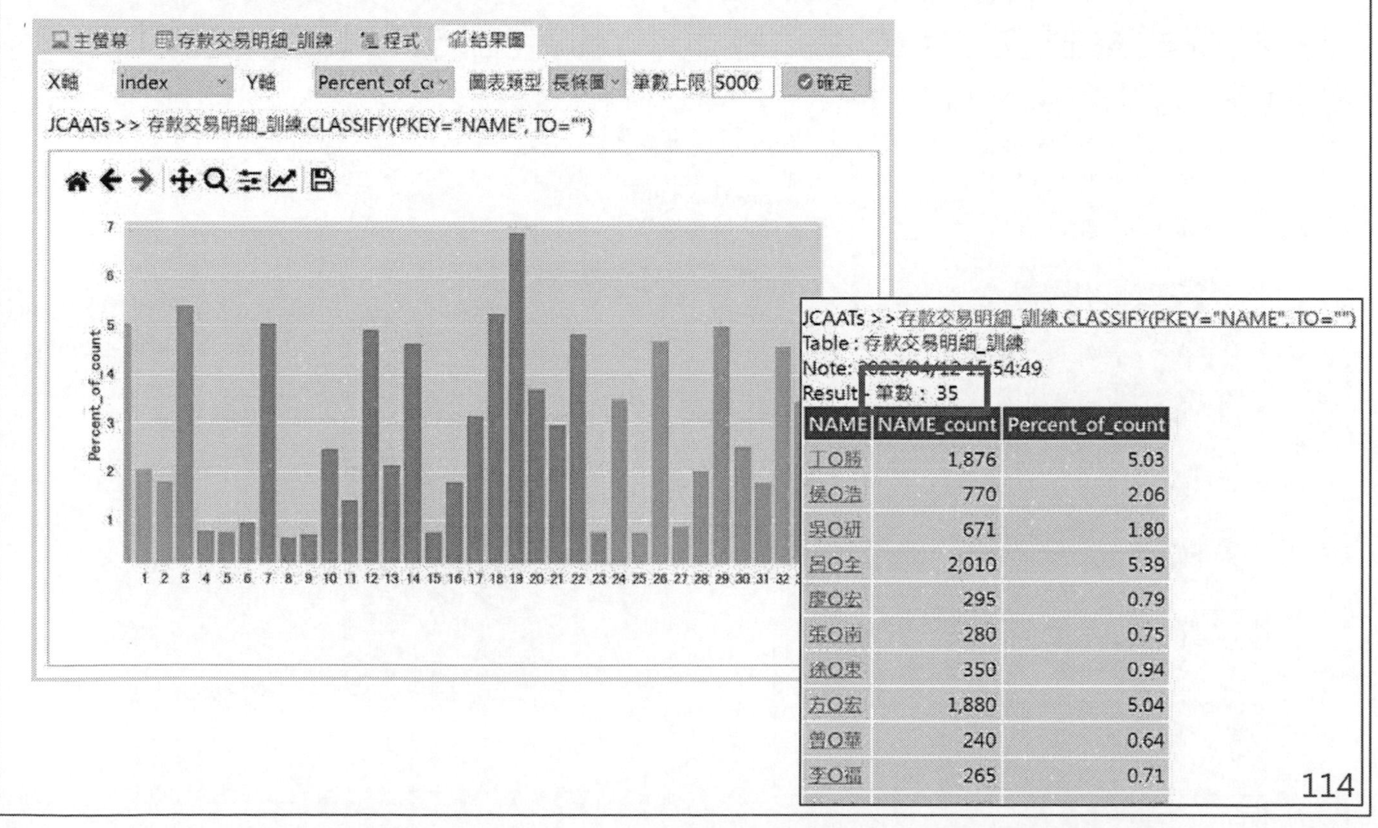

JCAATs >>存款交易明細_訓練.CLASSIFY(PKEY="NAME", TO="")
Table : 存款交易明細_訓練
Note: [illegible]54:49
Result - 筆數： 35

NAME	NAME_count	Percent_of_count
丁O勝	1,876	5.03
侯O浩	770	2.06
吳O研	671	1.80
呂O全	2,010	5.39
廖O宏	295	0.79
張O南	280	0.75
徐O東	350	0.94
方O宏	1,880	5.04
曾O華	240	0.64
李O福	265	0.71

資料欄位分類：

- 訓練對象欄位：銀行分行，使用 CLASSIFY分類共有26類

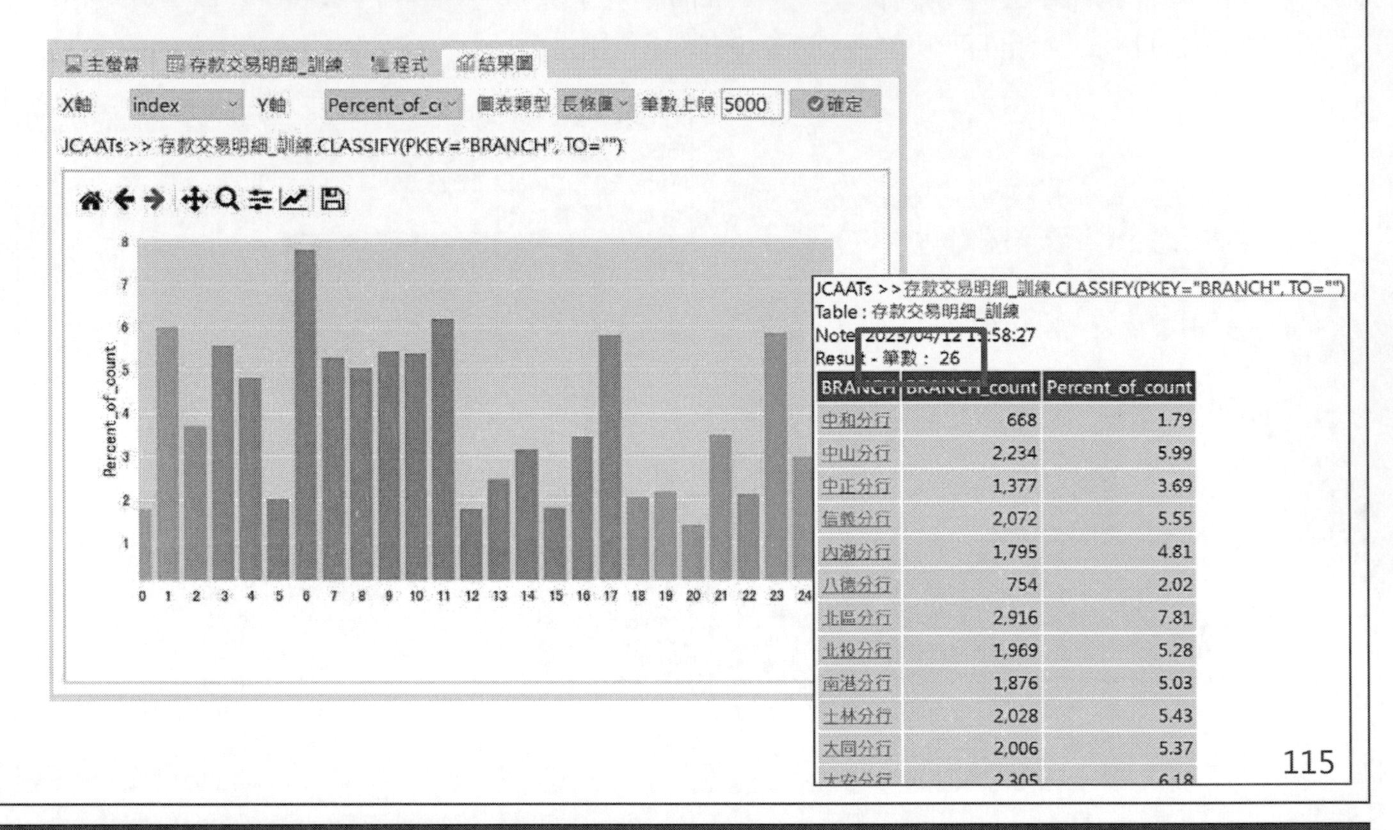

JCAATs >> 存款交易明細_訓練.CLASSIFY(PKEY="BRANCH", TO="")
Table : 存款交易明細_訓練
Note : 2023/04/12 1?:58:27
Result - 筆數： 26

BRANCH	BRANCH_count	Percent_of_count
中和分行	668	1.79
中山分行	2,234	5.99
中正分行	1,377	3.69
信義分行	2,072	5.55
內湖分行	1,795	4.81
八德分行	754	2.02
北區分行	2,916	7.81
北投分行	1,969	5.28
南港分行	1,876	5.03
士林分行	2,028	5.43
大同分行	2,006	5.37
大安分行	2,305	6.18

JCAATs-AI Audit Software
Copyright © 2023 JACKSOFT.

資料欄位分類：

- 訓練對象欄位：高齡註記，Yes為90.81%，No為9.19%
- 訓練對象欄位：重大傷病註記，Yes為92.35%，No為7.65%

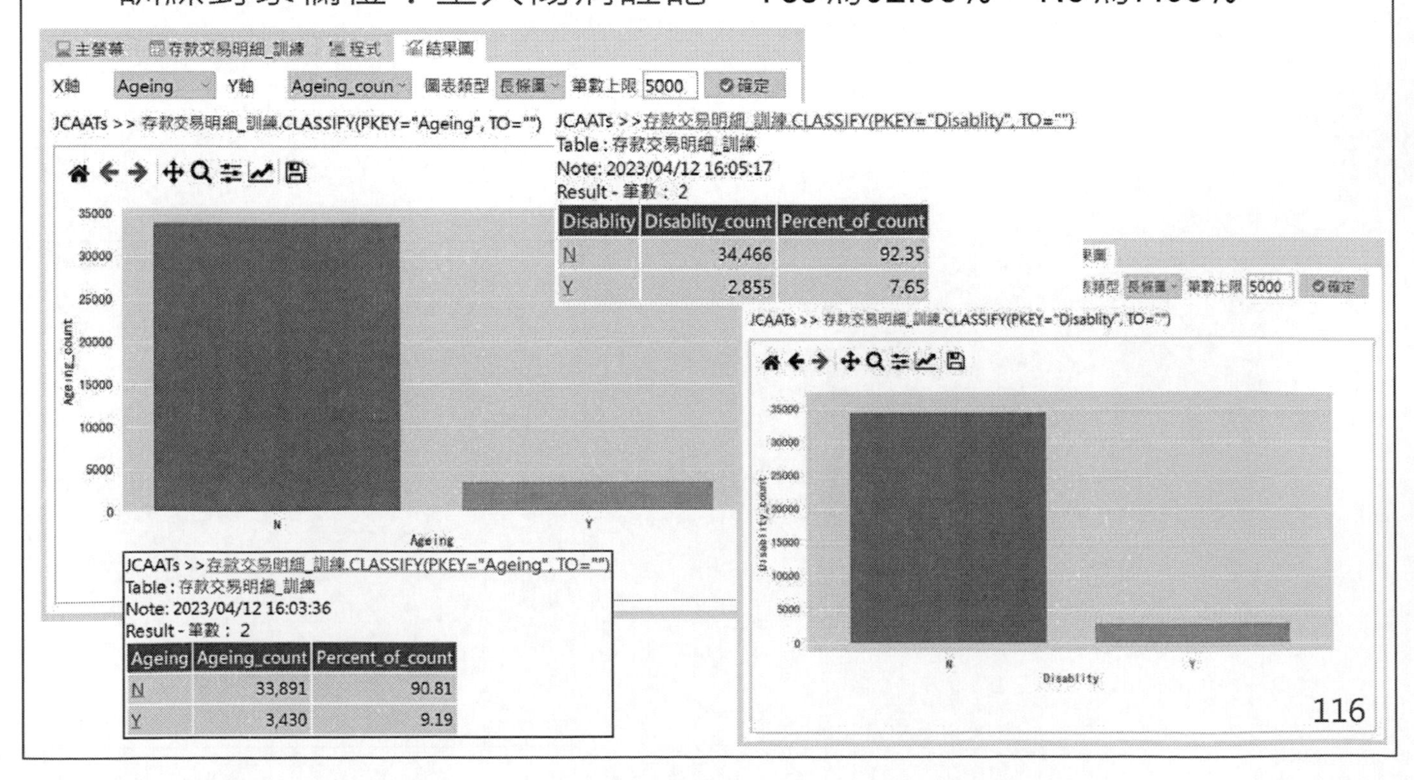

JCAATs >> 存款交易明細_訓練.CLASSIFY(PKEY="Disablity", TO="")
Table : 存款交易明細_訓練
Note: 2023/04/12 16:05:17
Result - 筆數： 2

Disablity	Disablity_count	Percent_of_count
N	34,466	92.35
Y	2,855	7.65

JCAATs >> 存款交易明細_訓練.CLASSIFY(PKEY="Ageing", TO="")
Table : 存款交易明細_訓練
Note: 2023/04/12 16:03:36
Result - 筆數： 2

Ageing	Ageing_count	Percent_of_count
N	33,891	90.81
Y	3,430	9.19

資料欄位分類：

- 訓練對象欄位：久未往來註記，Yes為93.79%，No為6.21%

JCAATs >>存款交易明細_訓練.CLASSIFY(PKEY="DORMANT", TO="")
Table : 存款交易明細_訓練
7:12

T_count	Percent_of_count
35,004	93.79
2,317	6.21

個案欄位機器學習前資料效度分析

- 初步分析，訓練目標「嫌疑」欄位內容分 3類，各類均有一定的資料。
- 其它特徵欄位的資料均可以適當的進行分類，且分類狀況無大小順序之分，可以當成機器學習的特徵欄位。所以應使用OneHotEncoder方式來正規化文字欄位。
- 各特徵欄位資料內容完整，並無遺漏值問題。
- 由於有些分類的資料比率差異過大，資料分割可以考慮不同組合，讓學習可以有更多元的學習機會。

測試幾種不同機器學習路徑找出最佳者

- 經由資料欄位初步分析， 本演練將採取[**用戶決策模式**]的策略，以KNN近鄰演算法為機器學習模式的演算法，來進行機器學習，由於用戶流失（Churn）欄位資料有不平衡現象，因此擬定下面得學習路徑進行學習：
  1. 機器學習1 ： OneHotCode+80/20 資料分割
  2. 機器學習2 ： OneHotCode+50/50資料分割

- 機器學習後，將比較各學習路徑學習結果的評估指標，選擇較佳者來進行**預測**。

JCAATs

上機演練三_1:
行員挪用客戶資金
機器學習預測稽核實例

K近鄰算法(KNN) 機器學習 1：ONEHOTENCODER+資料80/20 資料分割

理專盜用客戶帳戶AI預測查核上機演練：學習(Train)

STEP 1 ：
開啟JCAATs 專案檔

STEP 2：
(1)開啟「存款交易明細_訓練」資料表

(2)從Meun Bar選取機器學習

(3)再選取**學習(Train指令)**

設定學習條件：

機器學習→學習→條件設定

1.點選設定訓練目標：
嫌疑
2.並將模型評估選為：
KNN
3.點選訓練對象：
1.員工姓名、
2.銀行分行、
3.高齡註記、
4.重大傷病註記、
5.久未往來註記等
成為要訓練的特徵欄位。

設定學習歷程：

機器學習→學習→歷程設定

1. 文字分類欄位處理：OneHotEncoder(無大小)

2. 不平衡資料處理勾選、輸入20%

3.資料分割策略：80/20

學習結果輸出設定：

此指令僅能輸出到「模組」

1. 輸入模組名稱：KNN1_行員嫌疑預測

2.點選**確定**。

此指令會輸出三個結果資料表：
1) 彙總報告SummaryReport、
2) 績效指標PerformanceMetric、
3) 混沌矩陣ConfusionMatrix，

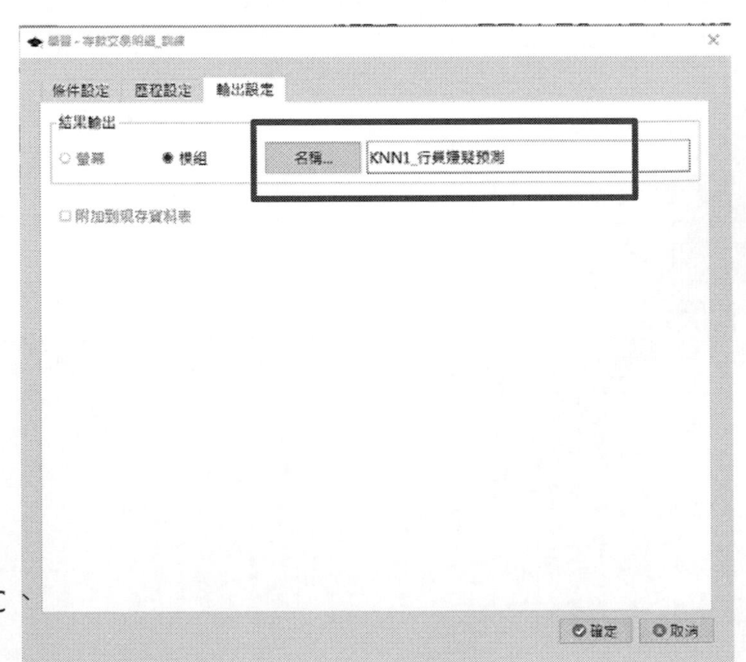

學習結果成效檢視：

ConfusionMatrix混沌矩陣 ，顯示各象限筆數資料。

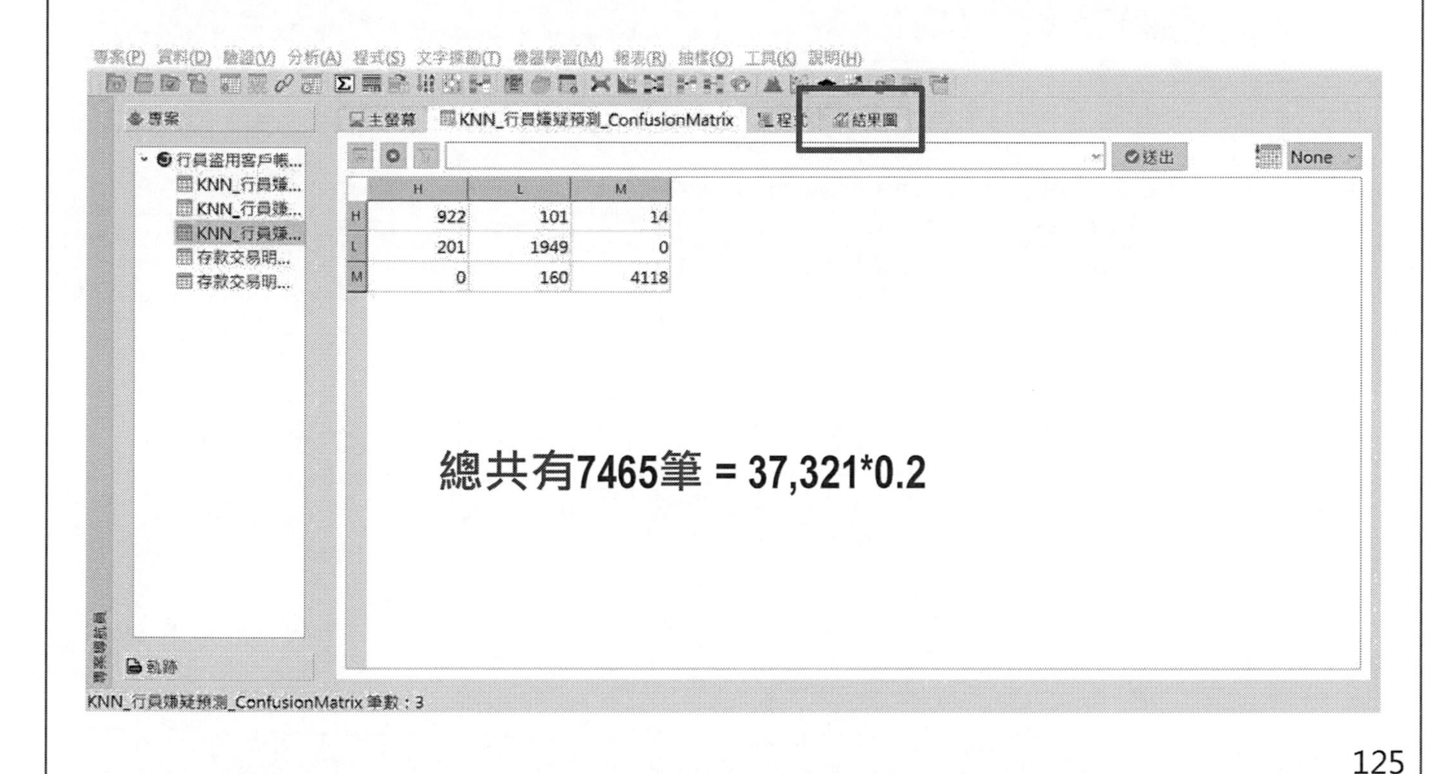

	H	L	M
H	922	101	14
L	201	1949	0
M	0	160	4118

學習結果成效檢視：

ConfusionMatrix混沌矩陣結果圖

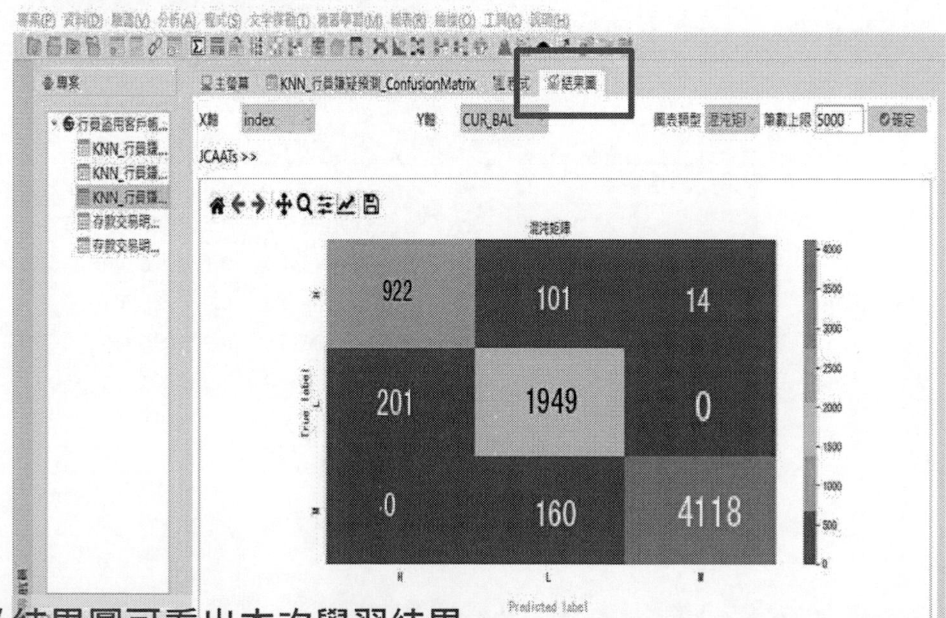

- 從混沌矩陣資料表及結果圖可看出本次學習結果：
  - 預測與實際結果相同的有 6,989筆(922+1949+4118)
  - 而預測結果與實際結果不相同的有476筆 (101+14+0+201+0+160)
  - 總共有7465筆(922+1949+4118+101+14+0+201+0+160)

學習結果成效檢視：
二張結果表PerformanceMetrics績效指標。

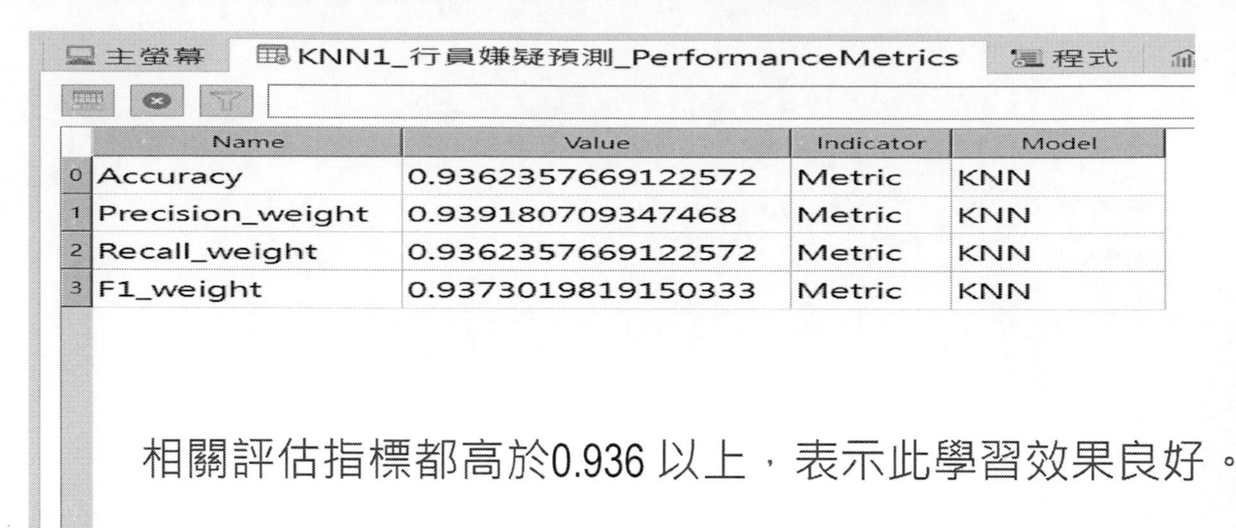
主螢幕 | KNN1_行員嫌疑預測_PerformanceMetrics | 程式

	Name	Value	Indicator	Model
0	Accuracy	0.9362357669122572	Metric	KNN
1	Precision_weight	0.939180709347468	Metric	KNN
2	Recall_weight	0.9362357669122572	Metric	KNN
3	F1_weight	0.9373019819150333	Metric	KNN

相關評估指標都高於0.936 以上，表示此學習效果良好。

學習結果成效檢視：
SummaryReport彙總報告。

主螢幕 | KNN1_行員嫌疑預測_SummaryReport | 程式 | 結果圖

	index	precision	recall	f1-score	support	model
0	H	0.8210151380231523	0.8891031822565092	0.8537037037037037	1037.0	KNN
1	L	0.8819004524886878	0.9065116279069767	0.8940366972477064	2150.0	KNN
2	M	0.9966118102613747	0.9625993454885461	0.9793103448275863	4278.0	KNN
3	accuracy	0.9362357669122572	0.9362357669122572	0.9362357669122572	0.9362357669122572	KNN
4	macro avg	0.899842466924405	0.9194047185506773	0.9090169152596655	7465.0	KNN
5	weighted avg	0.939180709347468	0.9362357669122572	0.9373019819150333	7465.0	KNN

- JCAATs 機器學習可保持原來樣態，例如Y、N或 H、L、M等，較其它系統配合機器學習運算轉成數字如0、1，容易造成使用者學習、預測結果不易解讀問題。
- 各分類學習的績效指標均高達0.82以上，表示有不錯的學習。

jacksoft | AI Audit Expert

www.jacksoft.com.tw

JCAATs

上機演練三_2：行員挪用客戶帳戶機器學習實例

K近鄰算法(KNN) 機器學習 2：ONEHOTENCODER+資料50/50資料分割

設定學習條件：

機器學習→學習→條件設定

1.點選設定訓練目標：嫌疑

2.並將模型評估選為：KNN

3.點選訓練對象：

1.員工姓名、

2.銀行分行、

3.高齡註記、

4.重大傷病註記、

5.久未往來註記等

成為要訓練的特徵欄位。

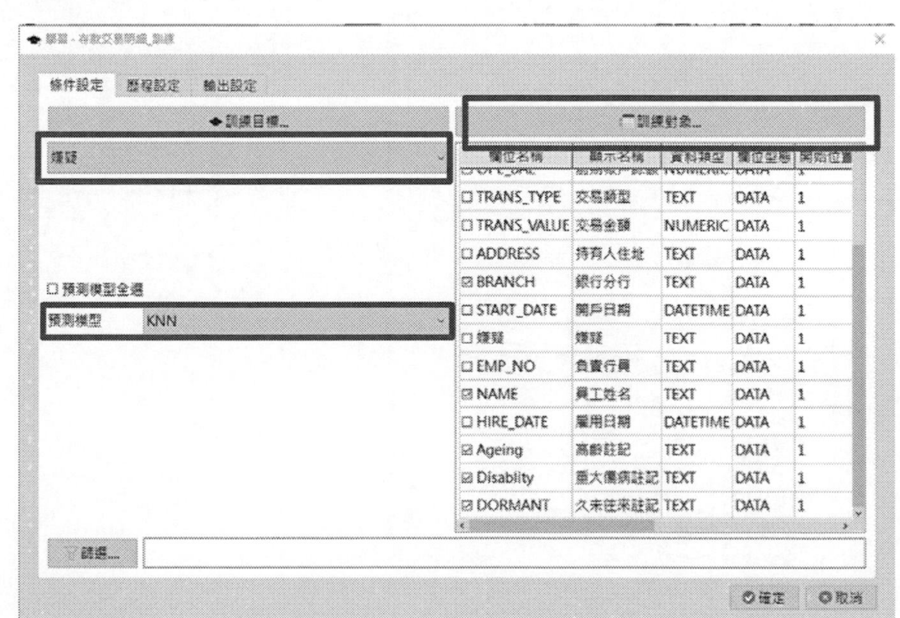

設定學習歷程：

機器學習→學習→歷程設定

1. 文字分類欄位處理
OneHotEncoder
(無大小)

2. 不平衡資料處理
勾選、輸入20%

3.資料分割策略：
50/50

學習結果輸出設定：

此指令僅能輸出到「模組」

1. 輸入模組名稱：
KNN2_行員嫌疑預測

2.點選**確定**。

此指令會輸出三個結果資料表：
1) 彙總報告 SummaryReport、
2) 績效指標 PerformanceMetric、
3) 混沌矩陣 ConfusionMatrix，

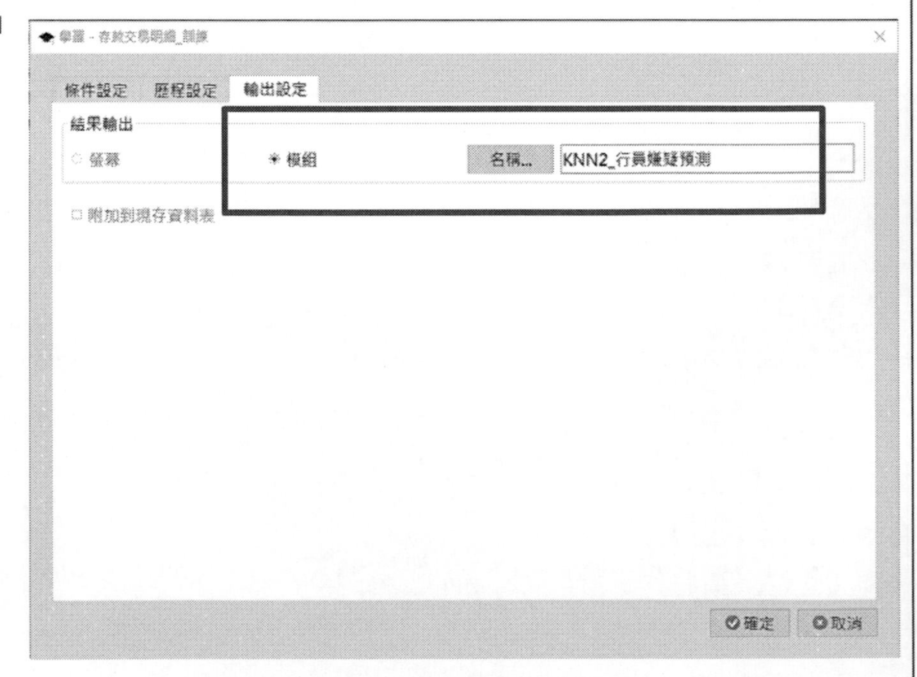

學習結果成效檢視：

ConfusionMatrix混沌矩陣 ，顯示各象限筆數資料。

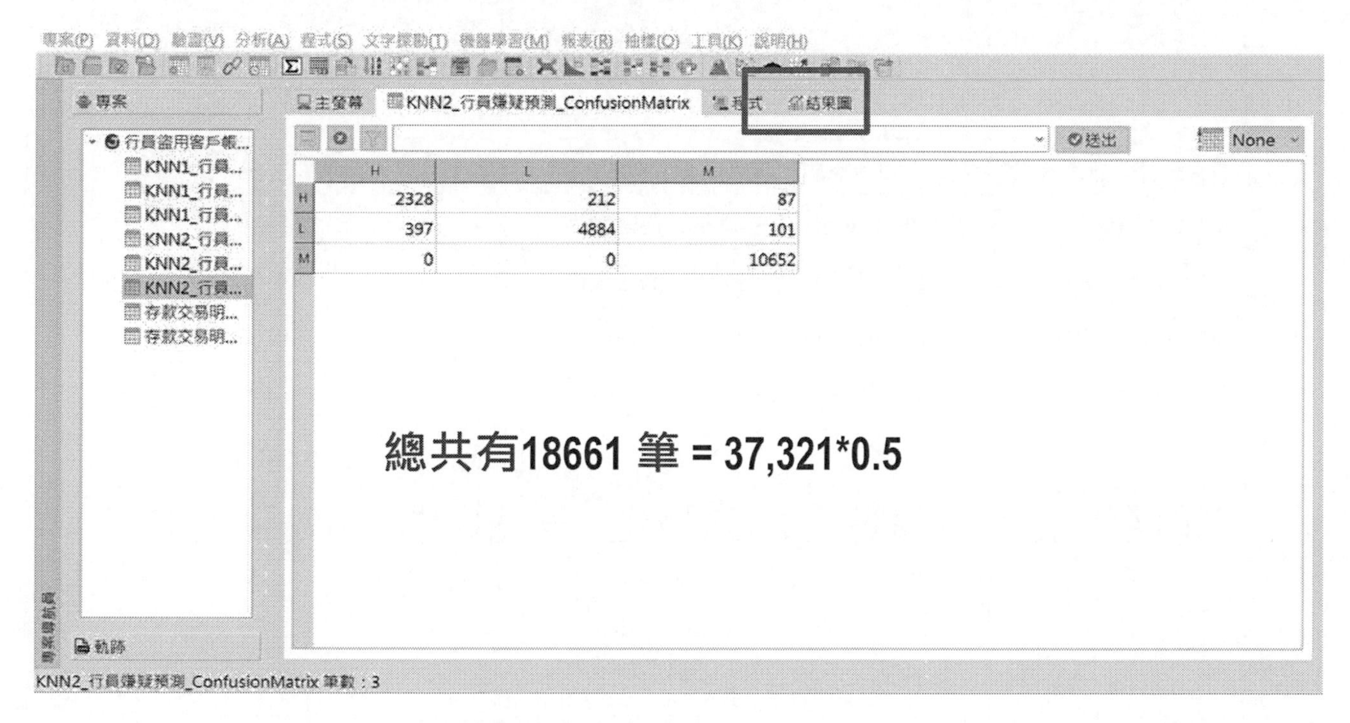

學習結果成效檢視：

ConfusionMatrix混沌矩陣結果圖

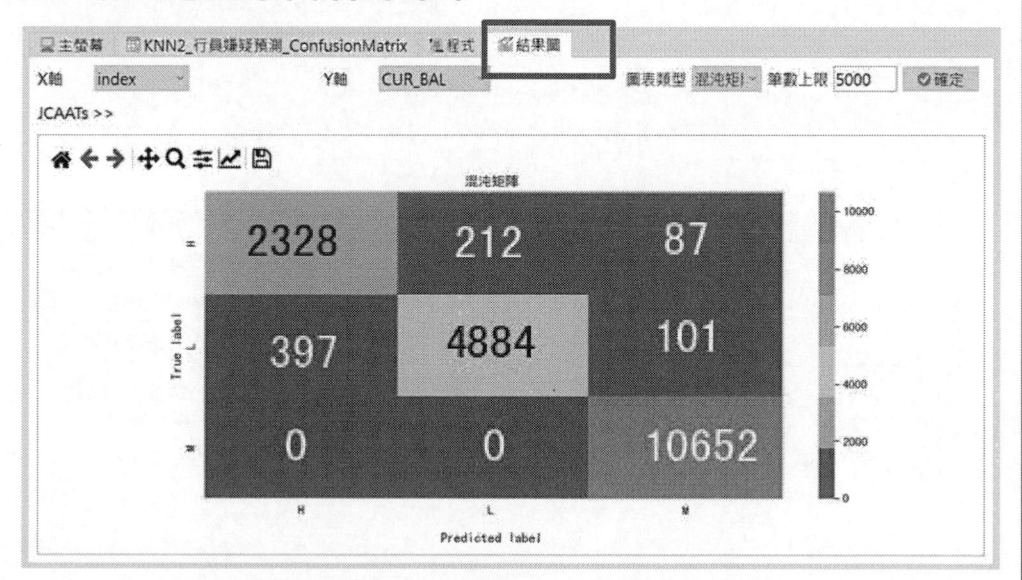

- 從混沌矩陣資料表及結果圖可看出本次學習結果：
  - 預測與實際結果相同的有 17864筆(2328+4884+10652)
  - 而預測結果與實際結果不相同的有797筆 (212+87+101+397+0+0)
  - 總共有18661筆(2328+4884+10652+ 212+87+101+397+0+0)

學習結果成效檢視：

PerformanceMetrics績效指標

主螢幕 | KNN2_行員嫌疑預測_PerformanceMetrics | 程式 | 結果圖

	Name	Value	Indicator	Model
0	Accuracy	0.9572906060768448	Metric	KNN
1	Precision_wei...	0.9575928400736377	Metric	KNN
2	Recall_weight	0.9572906060768448	Metric	KNN
3	F1_weight	0.957156884971441	Metric	KNN

相關評估指標都高於0.957 以上，表示此學習效果良好。

Copyright © 2023 JACKSOFT.

學習結果成效檢視：

SummaryReport彙總報告。

	index	precision	recall	f1-score	support	model
0	H	0.8543119266055046	0.8861819566044918	0.8699551569506726	2627.0	KNN
1	L	0.9583987441130298	0.907469342251951	0.9322389769039893	5382.0	KNN
2	M	0.9826568265682657	1.0	0.991252559091755	10652.0	KNN
3	accuracy	0.9572906060768448	0.9572906060768448	0.9572906060768448	0.9572906060768448	KNN
4	macro avg	0.9317891657622668	0.9312170996188143	0.9311488976488057	18661.0	KNN
5	weighted avg	0.9575928400736377	0.9572906060768448	0.957156884971441	18661.0	KNN

- 機器學習須分類資料字母順序排列，系統優化後顯示對應的預測結果，增加資料表的可讀性
- 各分類學習的績效指標均高達0.85以上，表示有不錯的學習。

KNN不同學習路徑比較

評估指標	HotEncoder+80/20	HotEncoder+50/50
Accuracy	0.9362357669122572	0.9572906060768448
Precision	0.939180709347468	0.9575928400736377
Recall	0.9362357669122572	0.9572906060768448
F1	0.9373019819150333	0.957156884971441
H	0.8210151380231523	0.8543119266055046
L	0.8819004524886878	0.9583987441130298
M	0.9966118102613747	0.9826568265682657
Macro Avg	0.899842466924405	0.9317891657622668
Weighted Avg	0.939180709347468	0.9575928400736377
驗證筆數	7465	18661

- 由上表可知「 **HotEncoder+50/50**」為較佳的學習路徑

行員挪用客戶帳戶預測：預測(Predict)

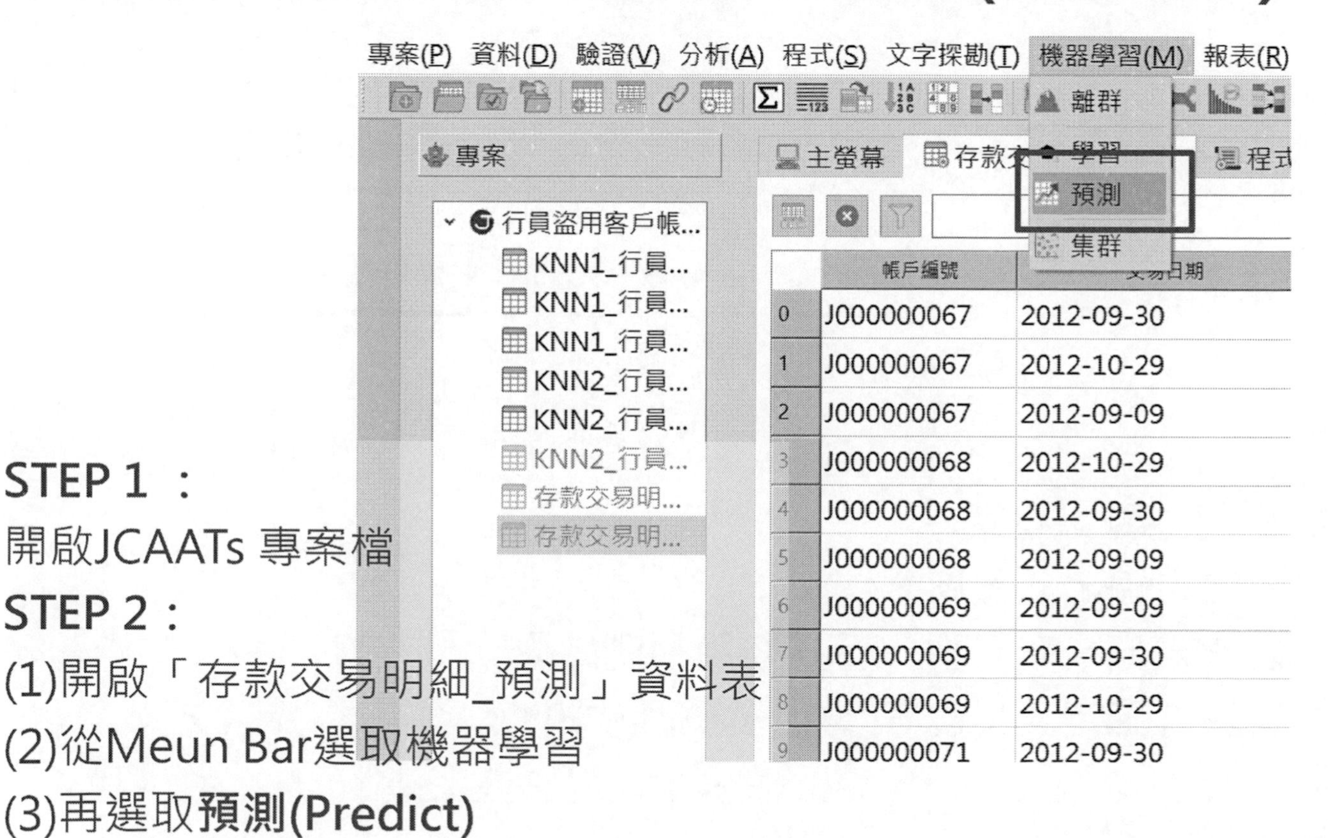

STEP 1 ：
開啟JCAATs 專案檔
STEP 2：
(1)開啟「存款交易明細_預測」資料表
(2)從Meun Bar選取機器學習
(3)再選取**預測(Predict)**

預測(Predit)指令條件設定：

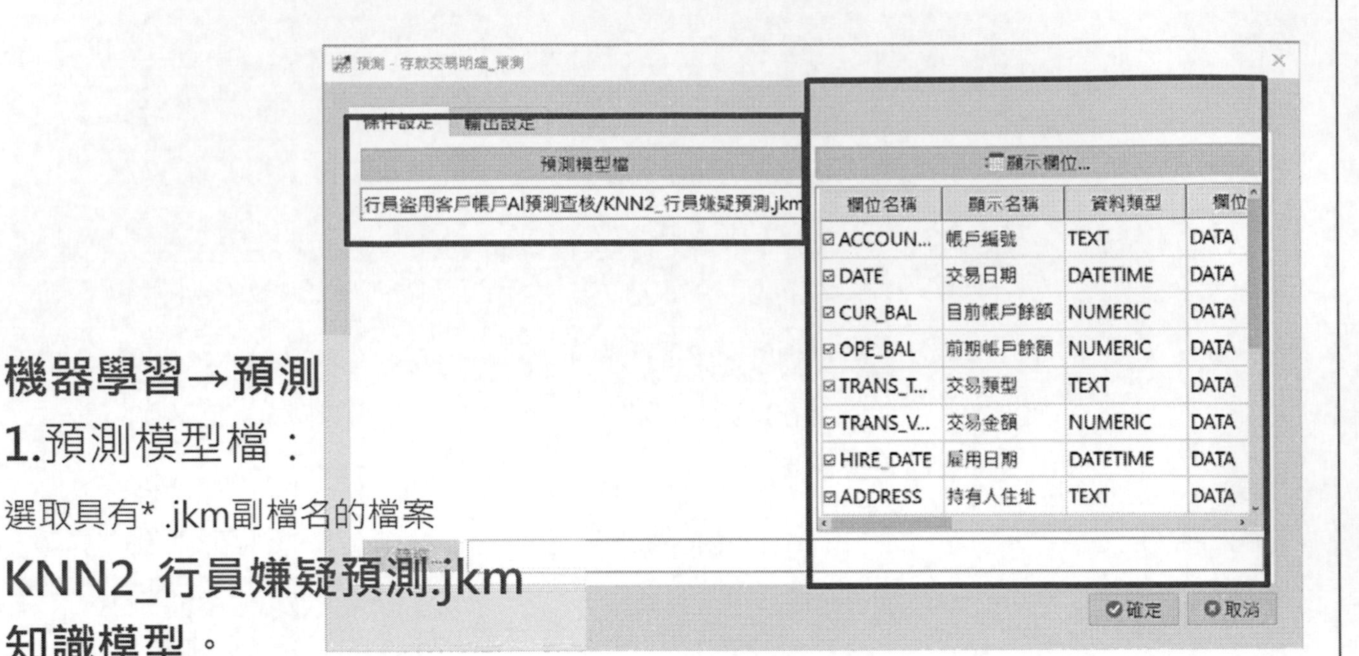

機器學習→預測

1.預測模型檔：

選取具有* .jkm副檔名的檔案

KNN2_行員嫌疑預測.jkm

知識模型。

2.顯示欄位：**全選**

預測(Predit)輸出設定

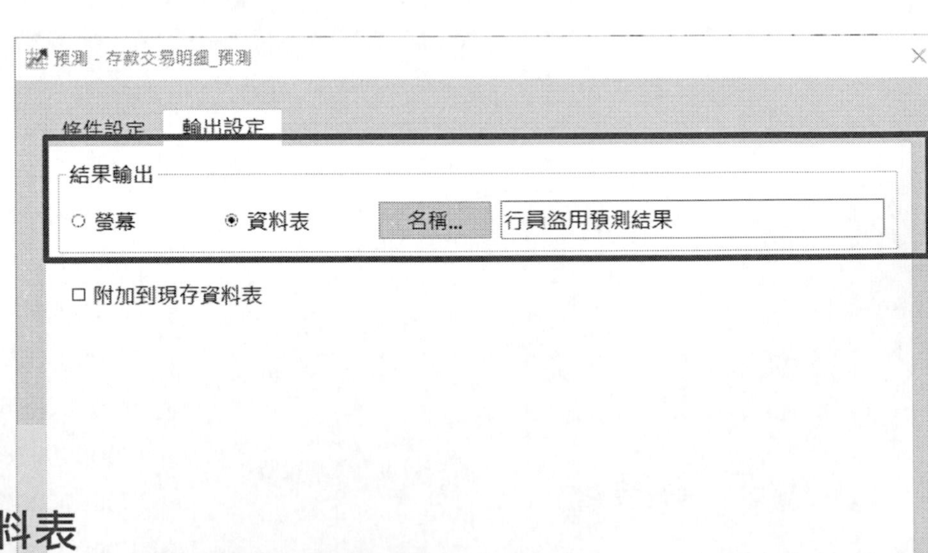

預測→輸出設定

1.結果輸出：**資料表**

2.輸入資料表名稱：**行員盜用預測結果**

3.點選**確定**，JCAATs會自動執行預測。

預測(Predit)結果檢視

開啟「行員盜用預測結果」資料表，此時在 表格上會新增有 Predict_嫌疑 (預測值) 和 Probability (可能性)二欄位。

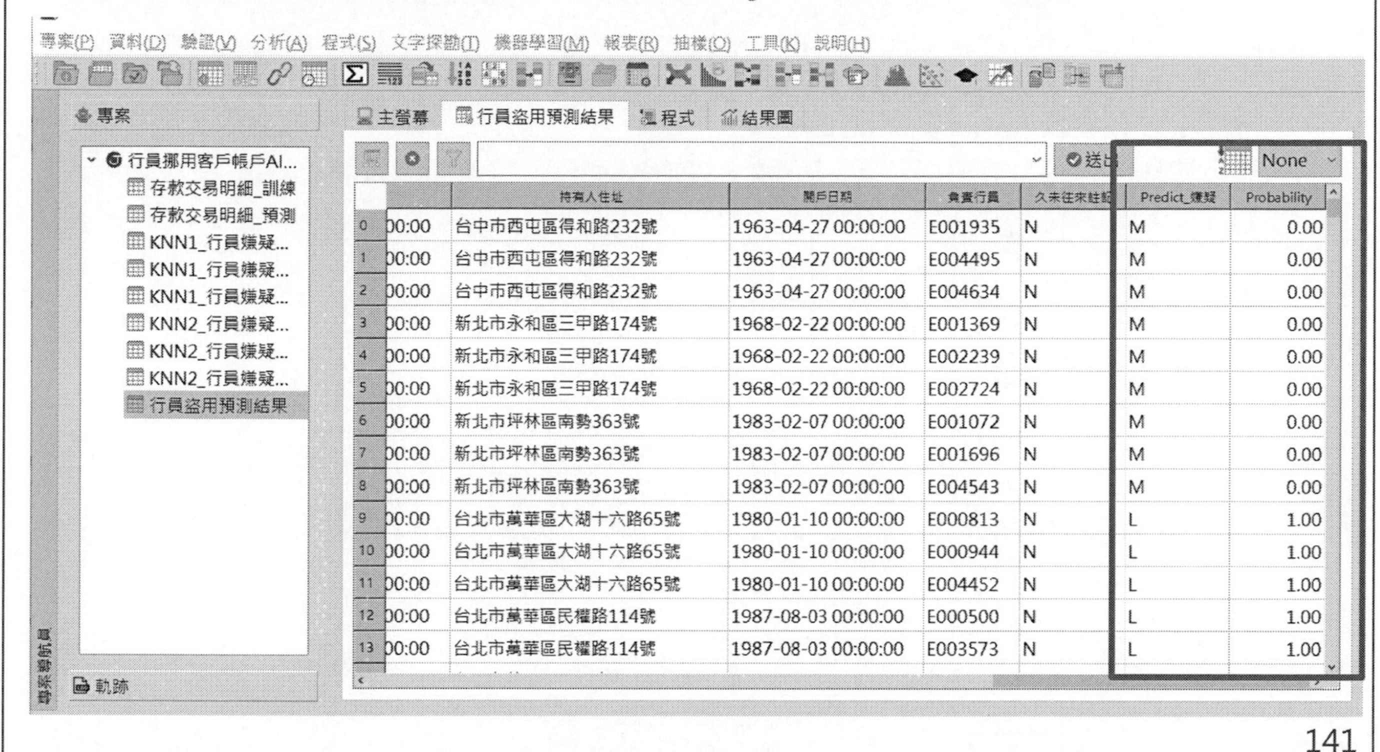

		持有人住址	開戶日期	負責行員	久未往來註記	Predict_嫌疑	Probability
0	00:00	台中市西屯區得和路232號	1963-04-27 00:00:00	E001935	N	M	0.00
1	00:00	台中市西屯區得和路232號	1963-04-27 00:00:00	E004495	N	M	0.00
2	00:00	台中市西屯區得和路232號	1963-04-27 00:00:00	E004634	N	M	0.00
3	00:00	新北市永和區三甲路174號	1968-02-22 00:00:00	E001369	N	M	0.00
4	00:00	新北市永和區三甲路174號	1968-02-22 00:00:00	E002239	N	M	0.00
5	00:00	新北市永和區三甲路174號	1968-02-22 00:00:00	E002724	N	M	0.00
6	00:00	新北市坪林區南勢363號	1983-02-07 00:00:00	E001072	N	M	0.00
7	00:00	新北市坪林區南勢363號	1983-02-07 00:00:00	E001696	N	M	0.00
8	00:00	新北市坪林區南勢363號	1983-02-07 00:00:00	E004543	N	M	0.00
9	00:00	台北市萬華區大湖十六路65號	1980-01-10 00:00:00	E000813	N	L	1.00
10	00:00	台北市萬華區大湖十六路65號	1980-01-10 00:00:00	E000944	N	L	1.00
11	00:00	台北市萬華區大湖十六路65號	1980-01-10 00:00:00	E004452	N	L	1.00
12	00:00	台北市萬華區民權路114號	1987-08-03 00:00:00	E000500	N	L	1.00
13	00:00	台北市萬華區民權路114號	1987-08-03 00:00:00	E003573	N	L	1.00

預測(Predit)結果檢視：Classify(分類)

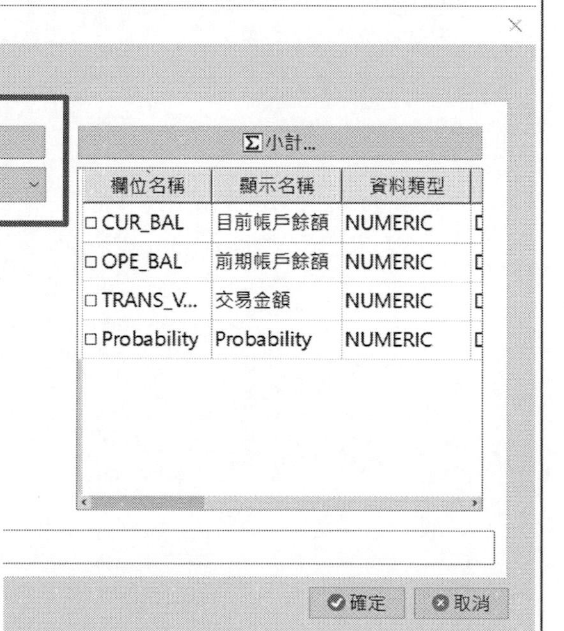

分析→分類
1.分類：Predict_嫌疑
2. 點選**確定**，輸出至螢幕察看結果
3.點選分類 “0” ，查看高風險的明細

JCAATs >>行員盜用預測結果.CLASSIFY(PKEY="Predict_嫌疑", TO="")
Table : 行員盜用預測結果
Note: 2023/07/04 10:15:55
Result - 筆數： 3

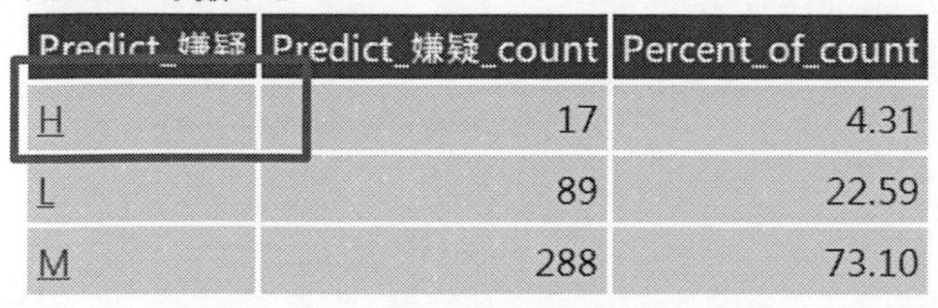

Predict_嫌疑	Predict_嫌疑_count	Percent_of_count
H	17	4.31
L	89	22.59
M	288	73.10

預測(Predit)結果檢視：點選分類結果觀看高風險資料明細

		持有人住址	開戶日期	負責行員	久未往來註記	Predict_嫌疑	Probability
42	00:00	台北市中山區爆坑250號	1980-12-10 00:00:00	E000677	Y	H	1.00
43	00:00	台北市中山區爆坑250號	1980-12-10 00:00:00	E000677	Y	H	1.00
44	00:00	台北市中山區爆坑250號	1980-12-10 00:00:00	E000677	Y	H	1.00
93	00:00	台北市中山區光明路82號	1977-10-13 00:00:00	E000677	Y	H	1.00
94	00:00	台北市中山區光明路82號	1977-10-13 00:00:00	E000677	Y	H	1.00
95	00:00	台北市中山區光明路82號	1977-10-13 00:00:00	E000677	Y	H	1.00
102	00:00	台北市信義區文心街420號	1968-05-22 00:00:00	E005001	Y	H	1.00
103	00:00	台北市信義區文心街420號	1968-05-22 00:00:00	E005001	Y	H	1.00
104	00:00	台北市信義區文心街420號	1968-05-22 00:00:00	E005001	Y	H	1.00
158	00:00	台北市中山區公園路136號	1960-06-30 00:00:00	E000677	Y	H	1.00
159	00:00	台北市中山區公園路136號	1960-06-30 00:00:00	E000677	Y	H	1.00
160	00:00	台北市中山區公園路136號	1960-06-30 00:00:00	E000677	Y	H	1.00
161	00:00	台北市中山區公園路136號	1960-06-30 00:00:00	E000677	Y	H	1.00
330	00:00	台北市信義區鹿寮仔244號	1973-02-17 00:00:00	E005001	Y	H	1.00

報表萃取：將高風險明細萃取Extract 作為高風險需要深入查核名單,以利進行事前預防查核!

		持有人住址	開戶日期	負責行員	久未往來註記	Predict_嫌疑	Probability
42	00:00	台北市中山區爆坑250號	1980-12-10 00:00:00	E000677	Y	H	1.00
43	00:00	台北市中山區爆坑250號	1980-12-10 00:00:00	E000677	Y	H	1.00
44	00:00	台北市中山區爆坑250號	1980-12-10 00:00:00	E000677	Y	H	1.00
93	00:00	台北市中山區光明路82號	1977-10-13 00:00:00	E000677	Y	H	1.00
94	00:00	台北市中山區光明路82號	1977-10-13 00:00:00	E000677	Y	H	1.00
95	00:00	台北市中山區光明路82號	1977-10-13 00:00:00	E000677	Y	H	1.00
102	00:00	台北市信義區文心街420號	1968-05-22 00:00:00	E005001	Y	H	1.00
103	00:00	台北市信義區文心街420號	1968-05-22 00:00:00	E005001	Y	H	1.00
104	00:00	台北市信義區文心街420號	1968-05-22 00:00:00	E005001	Y	H	1.00
158	00:00	台北市中山區公園路136號	1960-06-30 00:00:00	E000677	Y	H	1.00
159	00:00	台北市中山區公園路136號	1960-06-30 00:00:00	E000677	Y	H	1.00
160	00:00	台北市中山區公園路136號	1960-06-30 00:00:00	E000677	Y	H	1.00
161	00:00	台北市中山區公園路136號	1960-06-30 00:00:00	E000677	Y	H	1.00
330	00:00	台北市信義區鹿寮仔244號	1973-02-17 00:00:00	E005001	Y	H	1.00

萃取結果檢視

報表→萃取
1.萃取：**全選**

萃取→輸出設定
2. 輸出至資料表
名稱：
行員盜用_高風險抽查名單
3.點選**確定**

分類深入分析：

可依據行員再進行分類，預測結果高風險需深入追查名單

分類結果檢視

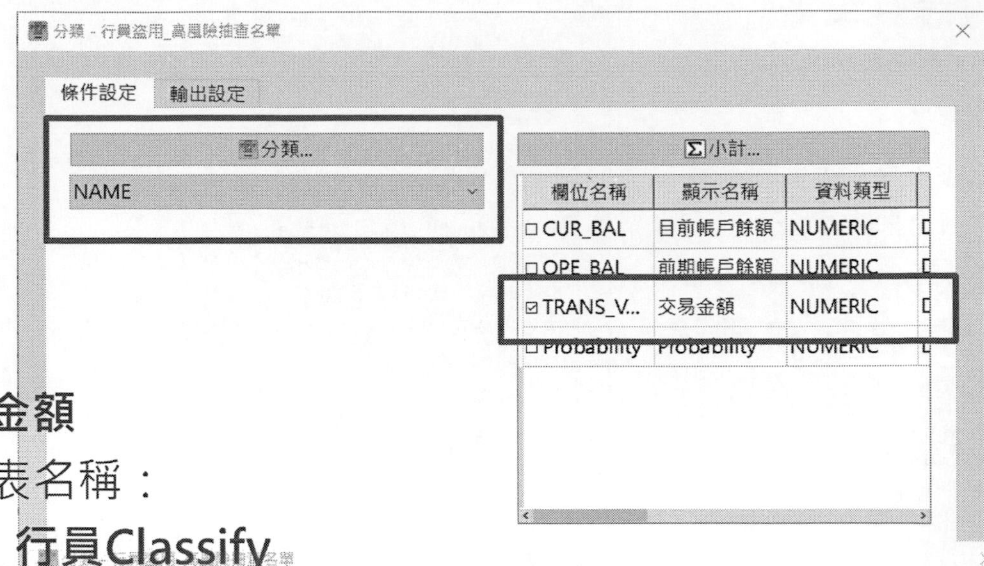

分析→分類
1.分類：姓名
2.小計：交易金額
3.輸出至資料表名稱：
行員盜用預測_行員Classify
4.點選確定

預測性分析結果：風險基礎稽核實踐

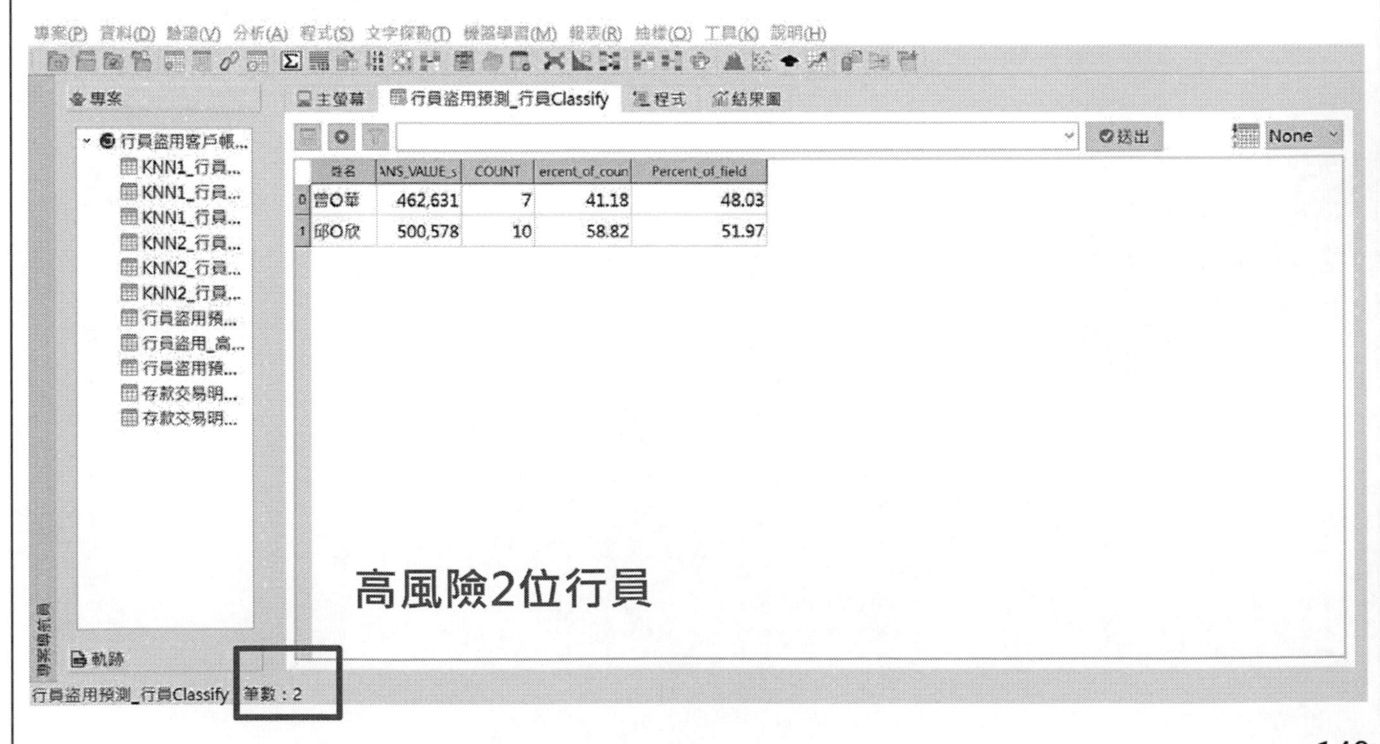

監督式機器學習常犯隱形錯誤與處理對策

機器學習中常犯的隱形錯誤與處理對策

- 資料面
  - 資料收集與處理不當
    (=>JCAATs 提供缺失值的處理方法)
  - 訓練集與測試集的類別分佈不一致
    (=> JCAATs 提供資料分割策略選擇)
  - 沒有資料視覺化的習慣
    (=> JCAATs 提供分類指令與結果圖)
  - 使用 LabelEncoder 為特徵編碼而未經過資料分析
  (=>JCAATs提供可各欄位自行設定文字分類處理模式)
- 模型面
  - 僅使用測試集評估模型好壞(=>JCAATs提供不平衡資料處理方法)
  - 在沒有交叉驗證的情況下判斷模型性能(=> JCAATs提供交叉驗證資料集數)
  - 分類問題僅使用準確率作為衡量模型指標 (=> JCAATs提供多種衡量指標)
  - 任何事情別急著想用 AI 解決(=> JCAATs提供用戶決策或系統決策模式)

資料來源： https：//ithelp.ithome.com.tw/articles/10279778

AI智慧化稽核流程

~透過最新AI稽核技術建構內控三道防線的有效防禦，
協助內部稽核由事後稽核走向事前稽核~

事後稽核

- **查核規劃**：■ 訂定系統查核範圍，決定取得及讀取資料方式
- **程式設計**：■ 資料完整性驗證，資料分析稽核程序設計
- **執行查核**：■ 執行自動化稽核程式
- **結果報告**：■ 自動產生稽核報告

事前稽核

- **學習資料**：■ 建立學習資料
- **機器學習**：■ 執行訓練
- **預測分析**：■ 執行預測
- **成果評估**：■ 預測結果評估

監督式機器學習　　非監督式機器學習

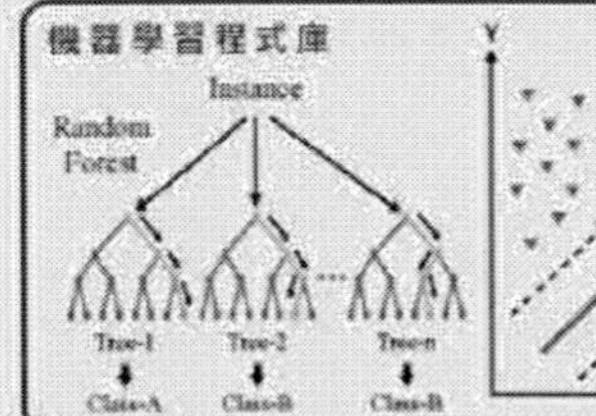

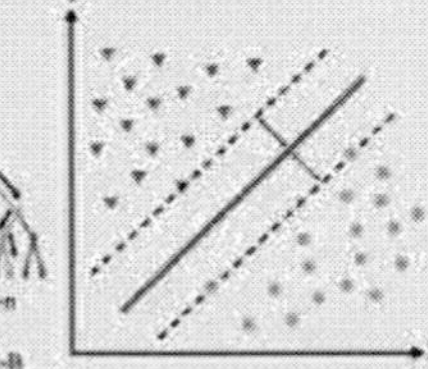

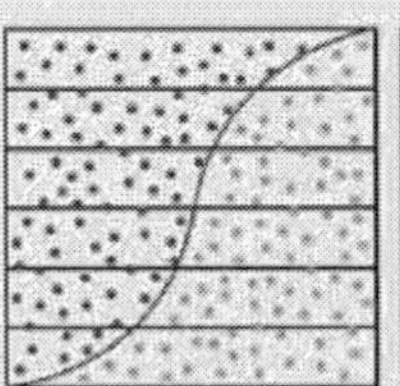

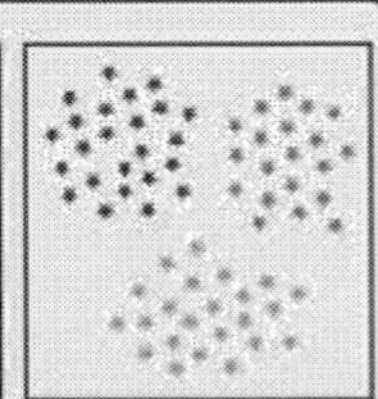

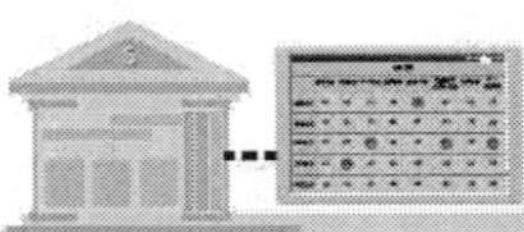

持續性稽核與持續性機器學習
協助作業風險預估開發步驟

機器學習技術讓事前審計成為可能

數位時代 BUSINESS NEXT

人工智慧　產業創新

不只有超跑！杜拜警方導入機器學習犯罪預測系統

2016.12.26 by

杜拜警方除了用跑車來當作警車來打擊犯罪，現在更進一步要運用機器學習技術，來協助警方預測犯罪的發生！

運用機器學習演算法判斷犯罪熱區

https://www.bnext.com.tw/article/42513/dubai-police-crime-prediction-software

INTERNATIONAL

犯罪時間地點AI都可「預測」？美國超過50個警察部門已開始應用

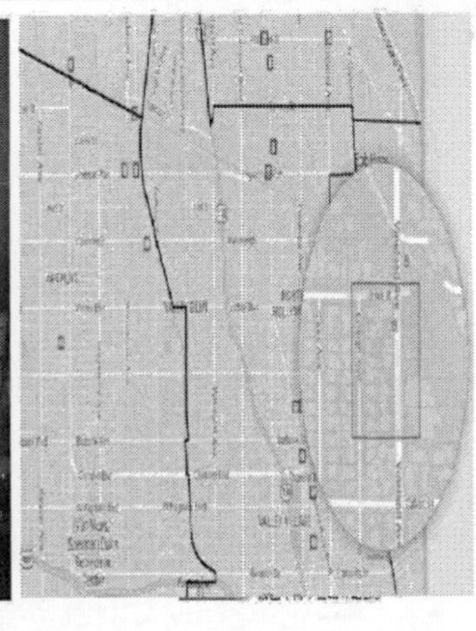

https://cnews.com.tw/002181030a06/

持續性稽核及持續性監控管理架構

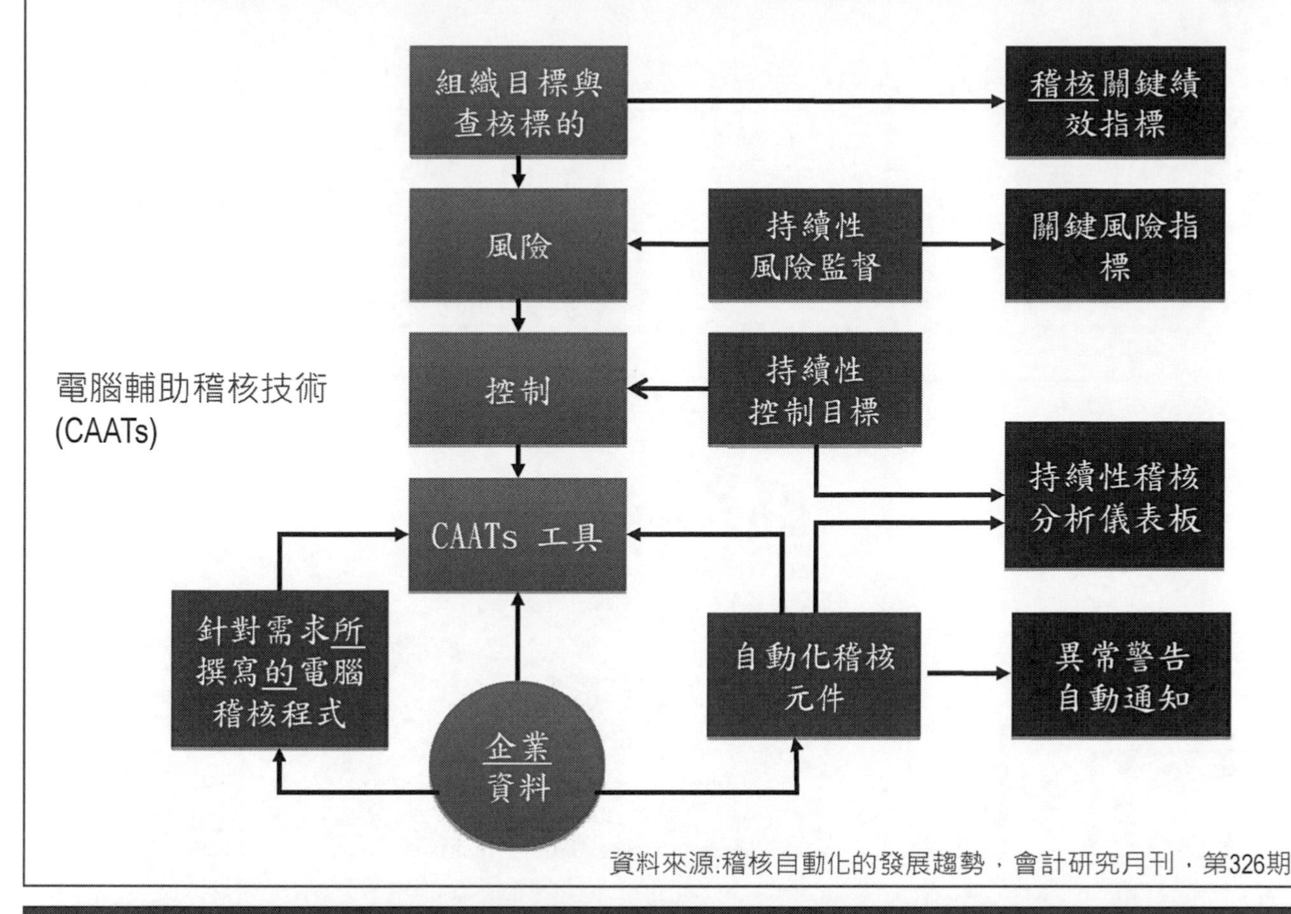

持續性稽核/監控=>提升效率

開發稽核自動化元件　　經濟部發明專利第 I 380230號　　稽核結果E-mail 通知

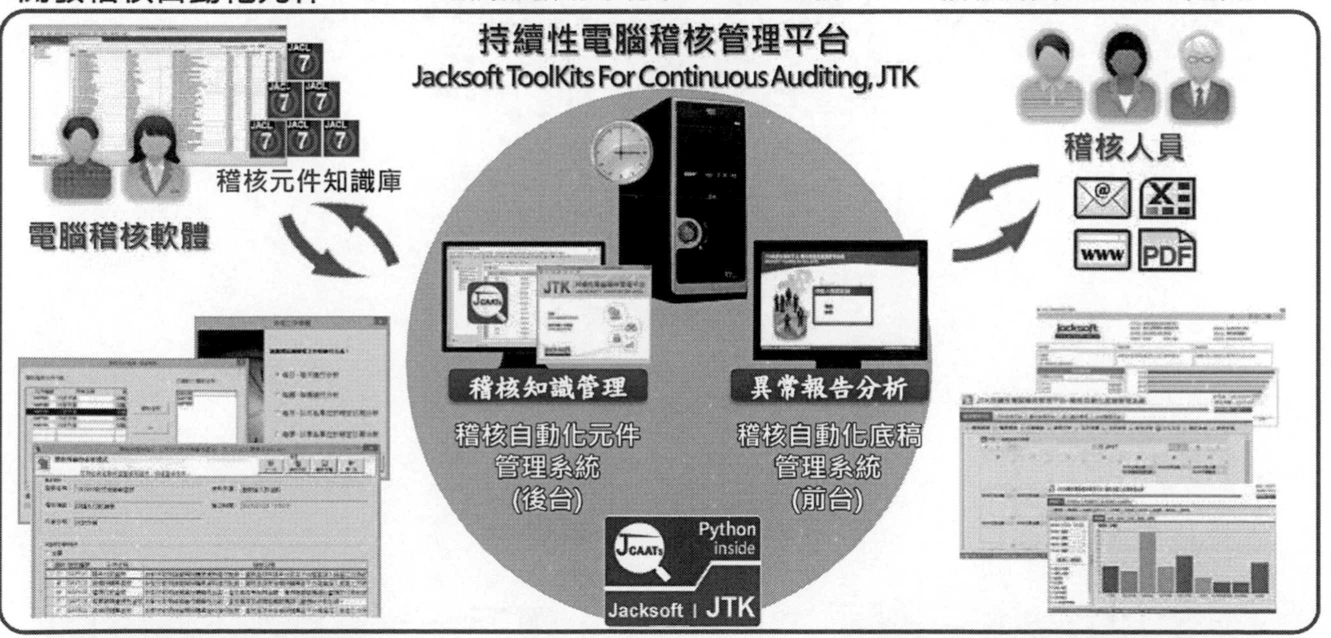

稽核自動化元件管理　　稽核自動化底稿管理與分享

■稽核自動化：電腦稽核主機
一天24小時一周七天的為我們工作。

JTK | Jacksoft ToolKits For Continuous Auditing
The continuous auditing platform

電腦稽核軟體應用學習Road Map

資安科技

國際網際網路稽核師

國際資料庫電腦稽核師

永續發展

國際ESG電腦稽核師

稽核法遵

國際ERP電腦稽核師

國際鑑識會計稽核師

國際電腦稽核軟體應用師

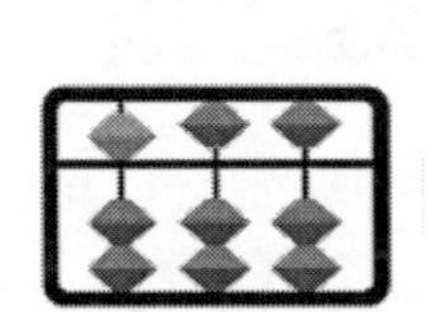
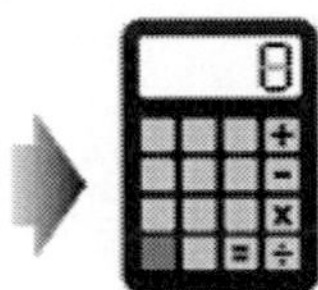

歡迎加入法遵科技 Line群組
~免費取得更多電腦稽核
應用學習資訊~

傑克商業自動化股份有限公司
台北市大同區長安西路180號3F之2(基泰商業大樓) 知識網:www.acl.com.tw
TEL:(02)2555-7886 FAX:(02)2555-5426 E-mail:acl@jacksoft.com.tw

參考文獻

1. 黃秀鳳，2023，JCAATs 資料分析與智能稽核，ISBN9789869895996
2. 黃士銘，2022，ACL 資料分析與電腦稽核教戰手冊(第八版)，全華圖書股份有限公司出版，ISBN 9786263281691
3. 黃士銘、嚴紀中、阮金聲等著(2013)，電腦稽核一理論與實務應用(第二版)，全華科技圖書股份有限公司出版。
4. 黃士銘、黃秀鳳、周玲儀，2013，海量資料時代，稽核資料倉儲建立與應用新挑戰，會計研究月刊，第 337 期，124-129 頁。
5. 黃士銘、周玲儀、黃秀鳳，2013，"稽核自動化的發展趨勢"，會計研究月刊，第 326 期。
6. 黃秀鳳，2011，JOIN 資料比對分析-查核未授權之假交易分析活動報導，稽核自動化第 013 期，ISSN:2075-0315。
7. 2022，ICAEA，"國際電腦稽核教育協會線上學習資源"
https://www.icaea.net/English/Training/CAATs_Courses_Free_JCAATs.php
8. 2022，工商時報，"理專 A 錢 金管會擬究責高層"
https://www.chinatimes.com/newspapers/20220321000126-260205?chdtv
9. 2021，Youtube，"機器學習實作|超簡單而實用的機器學習模型，1 分鐘用 Excel 攪定！"
https://www.youtube.com/watch?v=B-eXI_SD7w4
10. 2021，中華民國銀行商業同業公會全國聯合會，"全富字第 1101000646 號函發布"
https://www.ba.org.tw/PublicInformation/Detail/3981?enumtype=ImportantnormType&type=20cc8899-93af-48c5-a78d-d6c8f6436e63&AspxAutoDetectCookieSupport=1
11. 2021，IT 邦幫忙，"機器學習常犯錯的十件事"
https://ithelp.ithome.com.tw/articles/10279778
12. 2020，衛生福利部，"COVID-19 快篩期間常見的名詞"
https://www.facebook.com/mohw.gov.tw/photos/a.484593545040402/1549192585247154/?type=3
13. 2020，維基百科，" Decision Tree vs. Random Forest"
https://zh.wikipedia.org/zh-tw/%E9%9A%8F%E6%9C%BA%E6%A3%AE%E6%9E%97#/media/File:Decision_Tree_vs._Random_Forest.png
14. 2018，匯流新聞網，"犯罪時間地點 AI 都可「預測」？美國超過 50 個警察部門已開始應用"
https://cnews.com.tw/002181030a06/
15. 2017，YC Note，"如何區分機器學習模型的好壞？秒懂混淆矩陣"
https://ycc.idv.tw/confusion-matrix.html

16. 2017，Yeh James，"JamesLearningNote"
https://medium.com/jameslearningnote/
17. 2016，數位時代，"不只有超跑！杜拜警方導入機器學習犯罪預測系統"
https://www.bnext.com.tw/article/42513/dubai-police-crime-prediction-software
18. 2016，"Robotic Process Automation + Analytics"
https://practicalanalytics.wordpress.com/2016/03/20/robotic-process-automation-analytics/
19. 2012，維基百科，" Svm separating hyperplanes (SVG)"
https://zh.wikipedia.org/wiki/%E6%94%AF%E6%8C%81%E5%90%91%E9%87%8F%E6%9C%BA#/media/File:Svm_separating_hyperplanes_(SVG).svg
20. 2009，維基百科，"Decision-Tree-Elements "
https://zh.wikipedia.org/zh-tw/%E5%86%B3%E7%AD%96%E6%A0%91#/media/File:Decision-Tree-Elements.png
21. 2007，維基百科，"Logistisch"
https://zh.wikipedia.org/zh-tw/%E9%82%8F%E8%BC%AF%E8%BF%B4%E6%AD%B8#/media/File:Logistisch.svg
22. 2007，維基百科，"KnnClassification "
https://zh.wikipedia.org/zh-tw/K-%E8%BF%91%E9%82%BB%E7%AE%97%E6%B3%95#/media/File:KnnClassification.svg
23. AICPA，"美國會計師公會稽核資料標準"
https://us.aicpa.org/interestareas/frc/assuranceadvisoryservices/auditdatastandards
24. Python，
https://www.python.org/
25. David Denyer, Cranfield University ，"企業管理新思維-穿越危機而永續發展"
26. "機器學習如何協助您進行風險評估"
https://www.wegalvanize.com
27. 維基百科，"支持向量機(SVM) "
https://zh.wikipedia.org/wiki/%E6%94%AF%E6%8C%81%E5%90%91%E9%87%8F%E6%9C%BA
28. 維基百科，"隨機森林(Random Forest) "
https://zh.wikipedia.org/zh-tw/%E9%9A%8F%E6%9C%BA%E6%A3%AE%E6%9E%97
29. 維基百科，"邏輯斯回歸 (Logistic Regression)"
https://zh.wikipedia.org/zh-tw/%E9%82%8F%E8%BC%AF%E8%BF%B4%E6%AD%B8
30. 維基百科，" K-近鄰演算法"
https://zh.wikipedia.org/zh-tw/K-%E8%BF%91%E9%82%BB%E7%AE%97%E6%B3%95
31. 維基百科，"決策樹(Decision Tree) "
https://zh.wikipedia.org/zh-tw/%E5%86%B3%E7%AD%96%E6%A0%91

32. 2022，Jacksoft，"Jacksoft 電腦稽核軟體專家-AI Audit Software 人工智慧新稽核-JCAATs"
https://youtu.be/1BGCsXjPN6w
33. 2016，SILICON VALLEY DATA SCIENCE，"Learning from Imbalanced"
https://www.svds.com/learning-imbalanced-classes/
34. 2019，SurTech，"Ask a Technical Expert - ACL Machine Learning"
https://www.youtube.com/watch?v=Px4E1PDZ4u4&feature=share
35. jupyter，
https://jupyter.org/

作者簡介

黃秀鳳 Sherry

現　　任

傑克商業自動化股份有限公司 總經理

ICAEA 國際電腦稽核教育協會 台灣分會 會長

台灣研發經理管理人協會 秘書長

專業認證

國際 ERP 電腦稽核師(CEAP)

國際鑑識會計稽核師(CFAP)

國際內部稽核師(CIA) 全國第三名

中華民國內部稽核師

國際內控自評師(CCSA)

ISO 14067:2018 碳足跡標準主導稽核員

ISO27001 資訊安全主導稽核員

ICEAE 國際電腦稽核教育協會認證講師

ACL Certified Trainer

ACL 稽核分析師(ACDA)

學　　歷

大同大學事業經營研究所碩士

主要經歷

超過 500 家企業電腦稽核或資訊專案導入經驗

中華民國內部稽核協會常務理事/專業發展委員會 主任委員

傑克公司 副總經理/專案經理

耐斯集團子公司 會計處長

光寶集團子公司 稽核副理

安侯建業會計師事務所 高等審計員